常微分方程式の
新しい教科書

堀畑和弘・長谷川浩司 ［著］

朝倉書店

はじめに

　この本は，微分積分学と線形代数の初歩を学んだ人を対象とした常微分方程式の入門書である．読者層としては，
- 数学科の学生 (主に 2 年生)
- 理学部や工学部の学生
- 経済学部など社会科学を学ぶ上で数学を必要とする学生
- 高専生
- 過去に微分方程式を学んだことがあり，必要に応じてもしくは趣味として再勉強する方々

などを想定している．理工系以外でも必要な方にとって，役に立つよう願っている．

　内容としては既存の本と大きく異なることはない．微積分や線形代数の知識は用いるが，できるだけそれらも説明することにした．一方で，入門のためを考え，数学的定式化をやや甘くした部分があり，物足りない印象を持つ読者もあるかもしれない．読み進めるなかで，知らないところや，厳密さに欠けると思われるところがあったら，巻末の参考書などで補って頂ければと思う．

　常微分方程式に関しては，和書・洋書を問わず入門書から専門家向けの本まで良著が数多くある．専門家ではない我々にはでる幕はないと思っていた．本書を書くに至ったのは次のような理由からである．
- 最近は多くの大学で授業アンケートを行っている．学生からの要望や分かりづらかった点の指摘をふまえた，ていねいな本ができないものであろうか．
- 微分方程式は，数学内部の問題としてだけでなく，諸分野への多くの応用を持つ．そこへ向かうための基本的な話題になるべくバランスよく触れられないだろうか．
- 通常の講義内容として，解が三角関数や指数関数など初等関数で書ける場合について述べ，次にこのような関数が存在しない場合どうするか，について説明する場合が多い．実は，解が初等関数で書けない方程式がほとんどであ

り，その場合にどうするか？という問いに答えてきたのが微分方程式の歴史といっても過言ではない．

　そのような場合，大きく分けて，解の詳細によらずにふるまいの概要を調べる方向と，その方程式が新たな関数を定めると見て，関数の性質を調べる方向とがあるといえるだろう．これらもできれば簡単に紹介してみたい．

　そこで，前者のいわゆる陰的解法についても本書では簡単な説明を試みた．

　また，後者の例として，ルジャンドル関数とベッセル関数について触れた．

　この本を読み終えた読者が微分方程式に興味を持たれ，研究を志す方が現れるならば，我々としては望外の喜びである．

　出版にあたって大いにお世話になった，朝倉書店編集部に感謝します．また，内間木将斗君（東北大学 4 年），山崎将司氏（2004 年東北大学修士修了）の両名には原稿段階で貴重な意見を頂いた．この場を借りてお礼を述べたい．

　2016 年 5 月

著者しるす

記　　号

本書で用いる標準的記号をまとめておく．慣れていない読者は，コピーして手元においながら読むことも 1 つの方法であろう．

1) 数の集合の記号として，以下を用いる．
   $\mathbb{N}$：自然数 (1 以上の整数) 全体の集合，$\mathbb{Z}$：整数全体の集合，$\mathbb{R}$：実数全体の集合，$\mathbb{C}$：複素数全体の集合．

2) $\mathbb{R}^2$ は 平面 (の点の全体の集合) を表す．

3) $\mathbb{R}^2$ の点 $\mathbf{p}$ を成分で書くとき，縦ベクトルで $\mathbf{p} = \begin{bmatrix} x \\ y \end{bmatrix}$ のように表すことにする．ただし混乱の恐れのないときは，(x,y) と書くこともある．

4) 「$x \in X$」は，x が集合 X に含まれることを表す．たとえば $t \in \mathbb{R}$ は「t は実数」と読み，$\mathbf{p} = (x,y) \in \mathbb{R}^2$ は，「$\mathbf{p} = (x,y)$ は平面の点」と読めばよい．

5) $n \in \mathbb{N}$ とする．関数 f が n 階微分可能で n 階導関数がまた連続なとき，f は C^n 級関数であるという．

6) 2 つの関数 $f(x), g(x)$ について，$f \equiv g$ はこれらが恒等的に等しいこと，すなわちすべての x について $f(x) = g(x)$ であることを意味する．

7) $\mathbb{R}^2$ 上の関数 f に対し，f_x と f_y を，偏導関数
$$f_x = \frac{\partial f}{\partial x}, \quad f_y = \frac{\partial f}{\partial y}$$
の意味で用いる．さらに高階の微分も可能であれば，
$$f_{xx} = \frac{\partial^2 f}{\partial x^2}, \quad f_{yy} = \frac{\partial^2 f}{\partial y^2}$$
$$f_{xy} = (f_x)_y = \frac{\partial^2 f}{\partial y \partial x}, \quad f_{yx} = (f_y)_x = \frac{\partial^2 f}{\partial x \partial y}$$
なども用いる．f が C^2 級であれば，$f_{xy} = f_{yx}$ である．

8) $\mathbb{R}^2$ の点を表す位置ベクトル $\mathbf{p} = (x,y)$ の大きさを
$$\|\mathbf{p}\| = \sqrt{x^2 + y^2}$$
と表す．$\mathbf{p}$ を複素数 $z = x + iy$ と見たときは，その絶対値として $|z| \, (= \|\mathbf{p}\|)$ とも表す．その場合 $\arg z$ で偏角を表す．

9) A $\Rightarrow$ B は「A ならば B」，A $\Leftrightarrow$ B は「A ならば B，かつ B ならば A」すなわち「A と B は同値」を意味する．
   $\therefore$ は「ゆえに」，$\because$ は「なぜならば」を表す．また，証明などの議論の終わりを四角い箱で表すことがある．　□

この本の構成

【第 I 部：入門編】 第 1 章から第 6 章である．「微分方程式とは何か」からはじめ，いわゆる初等的解法を学ぶ．

【第 II 部：基本編】 第 7 章から第 11 章である．応用上もよく現れる 2 階の線形微分方程式の基本を学ぶ．

【第 III 部：展望編】 第 12 章から第 17 章である．解を具体的に表すことが難しいときの性質の調べ方，級数解の方法，および微分方程式の解として得られる特殊関数の例を学ぶ．

【付録】 本文では詳しく述べなかった解の存在と一意性，べき級数の微積分，複素数の指数関数とガンマ関数，複素関数の微積分，行列形による連立線形微分方程式系の扱いについてまとめた．

定義，定理，補題 (定理のために準備される命題)，系 (定理よりただちに従う事実)，注意などは，それぞれごとに「章.節.番号」を付けている．また，難しい部分や問には * を付けてある．注および * のついた項目は，はじめは飛ばして良い．

半年の講義で用いる場合は，第 II 部までを扱った上で，時間のゆるす範囲で第 III 部の話題を取捨選択することが考えられるであろう．

【サポートページ】 本書の誤植訂正，問題略解，補足情報などは以下で提供する予定である．

http://www.asakura.co.jp/books/isbn/978-4-254-11146-0/

目 次

Chapter 1　なぜ微分方程式を学ぶのか ································ 1
　1.1　はじめに　1
　1.2　現象を表す微分方程式　2
　1.3　モデル化　7

Chapter 2　微分方程式を学ぶための言葉 ···························· 9
　2.1　常微分方程式とは？　9
　2.2　基礎概念・その1　9
　2.3　基礎概念・その2　13

Chapter 3　変数分離形と同次形 ·· 16
　3.1　変数分離形　16
　3.2　同　次　形　18
　3.3　同次形に変換できる場合　19

Chapter 4　1階線形微分方程式 ·· 23
　4.1　定数変化法　23
　4.2　ベルヌーイ形　26

Chapter 5　完全微分方程式 ·· 29
　5.1　復習：偏微分と全微分　29
　5.2　完全微分方程式とは？　30
　5.3　完全微分方程式の解法　33

Chapter 6 　積 分 因 子 …………………………………………… 38
6.1　積 分 因 子　38
6.2　不変性を持つ微分方程式　41

Chapter 7 　定係数線形微分方程式 (1)・同次解 …………………… 44
7.1　同次 2 階定係数線形微分方程式の基本解　44
7.2　なぜ指数関数で解が見つかるか　47

Chapter 8 　定係数線形微分方程式 (2)・非同次解 ………………… 51
8.1　定係数 2 階非同次線形微分方程式　51
8.2　特殊解の求め方　53
8.3　演算子法入門*　57

Chapter 9 　行列の指数関数 (1)・定義と性質 …………………… 61
9.1　行列で表した連立線形微分方程式　61
9.2　行列の指数関数　62
9.3　基本的性質　64
9.4　行列とベクトルの微積分*　66

Chapter 10 　行列の指数関数 (2)・対角化による計算 ……………… 69
10.1　対角化の復習　69
10.2　2 次行列の標準形のまとめ　71
10.3　行列の指数関数の計算　73

Chapter 11 　定係数 1 階連立線形微分方程式 ……………………… 76
11.1　解の一意性　76
11.2　解曲線とベクトル場　78

Chapter 12 　力学系としての微分方程式 …………………………… 87
12.1　平面の運動　87
12.2　第 1 積分あるいは保存量　91

12.3 例：ロトカ–ボルテラ方程式* 93

Chapter 13　平衡点のまわりでの解の挙動 · 98
13.1 線　形　化　98
13.2 振り子の場合　101

Chapter 14　級　数　解 · 106
14.1 べ き 級 数　106
14.2 級数解の求め方　108

Chapter 15　線形方程式の正則点と確定特異点 · 113
15.1 正　則　点　113
15.2 確定特異点　115
15.3 特性指数の差が整数のとき*　118

Chapter 16　ルジャンドル多項式 · 122
16.1 ルジャンドルの微分方程式　122
16.2 直交多項式としての性質　124
16.3 母関数とその応用*　126
16.4 超幾何関数による表示*　129

Chapter 17　ベッセル関数 · 132
17.1 母関数による定義と微分方程式　132
17.2 2体問題への応用　134
17.3 複素数次数のベッセル関数*　137
17.4 太 鼓 の 音*　139

Appendix A　解の存在と一意性 · 143

Appendix B　べき級数の微積分 · 145

Appendix C 複素数の指数関数とガンマ関数 ························ 148
    C.1 複素数の指数関数　148
    C.2 ガンマ関数　150

Appendix D 線積分と複素関数 ·· 152
    D.1 線　積　分　152
    D.2 複素関数の微積分　155

Appendix E 行列形による変数係数連立線形微分方程式系の扱い ······· 159

文　　献　162

索　　引　165

第 I 部 入門編

Chapter 1
なぜ微分方程式を学ぶのか

1.1 はじめに

常微分方程式 (ordinary differential equation, ODE) とは,一変数関数 $x(t)$ やその導関数および高階導関数を含んだ関係式をいう.

例 1.1.1 (1) $\quad \dfrac{dx}{dt}(t) \ = \ -x(t)$

(2) $\quad \dfrac{d^2 x}{dt^2}(t) \ - \ (1-x(t)^2)\dfrac{dx}{dt}(t) \ + \ x(t) \ = \ 0$

これは,ファン・デル・ポール方程式 (van der Pol equation) と呼ばれる.

(1) のときの $x(t) \ = \ e^{-t}$ のように,微分方程式を満たす関数をその方程式の解 (solution) という.解を見つけることを解を求める (to solve),あるいは方程式を解く,という.解が存在しない場合,そのような方程式は解を持たないという.

はじめに,いくつかの例を見ておこう.

歴史的に重要な例として,物理学におけるニュートンの第 2 法則がある.これは,「時刻 t において,質点が位置 x にあるとき,その質量 m と加速度の積は,質点にかかる外力の総和 F に等しい」というものであった.簡単のため直線上の運動 (バネに吊るした重りの振動など) を考える.適当な座標のもとで,時刻 t における質点の位置は $x(t)$ で表されるとする.加速度はこの 2 階微分である.よって第 2 法則は次のように書ける.

$$m\frac{d^2 x}{dt^2}(t) \ = \ F(t) \tag{1.1}$$

(1.1) は $x(t)$ の微分方程式である．この解を求めれば，質点の時刻 t における位置 $x(t)$ が分かる．

このように微分方程式が与えられたとき，それを解くことができれば，対応する現象の未来を知る手がかりを得られるであろう．

1.2 現象を表す微分方程式

現象を微分方程式で表すことができたとき，そこから何が読み取れるかについて，いくつかの例で見てみよう．

例 1.2.1 (放射性崩壊) 放射性元素 X が非放射性元素に変化する確率は，単位時間あたり一定 (λ とおく) であることが知られている．このとき，放射性元素の量はどのように変化するだろうか？ 時刻 t における X の個数を $x(t)$ とし，観測開始時刻 ($t=0$) において X の個数は N であるとする．すなわち $x(0) = N$ とする．

正の微小量 Δt を考える．法則によれば，時刻 t から $t + \Delta t$ までの時間に崩壊する X の個数は，$\lambda\, x(t)\, \Delta t$ に等しい．これは

$$x(t + \Delta t) - x(t) = -\lambda x(t) \Delta t \qquad (1.2)$$

と書ける．$\Delta t \to 0$ として，

$$\frac{dx}{dt}(t) = -\lambda x(t) \qquad (1.3)$$

を得る．$x(t) = N e^{-\lambda t}$ は (1.3) を満たす．したがって，この関数は (1.3) の解である．実は，$x(0) = N$ を満たす関数は $N e^{-\lambda t}$ しかないことが分かっている．

この形の方程式の解法は第 3 章で学ぶ．

半減期 (放射性元素の個数が $N/2$ となる時間，half-life) t_H は，$x(t) = N e^{-\lambda t}$ を使うと，

$$\frac{N}{2} = N e^{-\lambda t_\mathrm{H}} \quad \text{より} \quad t_\mathrm{H} = \frac{\log 2}{\lambda} \qquad (1.4)$$

となる．このことから，半減期は放射性元素の種類によって決まることが分かる．

例 1.2.2 (直列回路) 図 1.1 に示されるような直列回路 (series circuit) について調べる．ただし，E は E ボルトの電源，L はインダクタンス L のコイル，R は

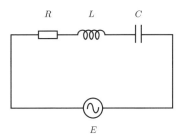

図 1.1 直列回路

R オームの抵抗, C は容量 C ファラッドのコンデンサーとする.

「発電量 = 回路全体の電圧降下量」を思い出そう. 抵抗におけるオームの法則およびコイルやコンデンサーの性質によって, 時刻 t における回路に流れる電流 $I(t)$ とコンデンサーの電荷 $Q(t)$ は

$$E(t) = L\frac{dI}{dt}(t) + RI(t) + \frac{Q(t)}{C} \tag{1.5}$$

という関係式で結ばれる. 電荷の変化 (電子の移動) が電流を作り, 電流の大きさは単位時間あたりの電荷の変化の割合であったから

$$I(t) = \frac{dQ}{dt}(t) \tag{1.6}$$

である. (1.6) を (1.5) に代入すると, $Q(t)$ は

$$E(t) = L\frac{d^2Q}{dt^2}(t) + R\frac{dQ}{dt}(t) + \frac{Q(t)}{C} \tag{1.7}$$

なる微分方程式を満たすことが分かる.

この形の方程式の解き方は第 7 章と第 8 章で学ぶ.

電源の電圧が, 定数 ω と正の定数 E_0 に対して $E(t) = E_0 \cos \omega t$ で与えられたとき, (1.7) を満足する関数として

$$Q(t) = \frac{E_0 \cos(\omega t - \delta_0)}{\sqrt{(1/C - L\omega^2)^2 + (R\omega)^2}} \tag{1.8}$$

がある. ただし, δ_0 は

$$\cos \delta_0 = \frac{1/C - L\omega^2}{\sqrt{(1/C - L\omega^2)^2 + (R\omega)^2}}$$

$$\sin \delta_0 = \frac{R\omega}{\sqrt{(1/C - L\omega^2)^2 + (R\omega)^2}}$$

を満たすものである.

これによれば，抵抗を $R \to 0$ として，$CL = 1/\omega^2$ ととると，$|Q(t)| \to \infty$ とすることができる．この現象は共振 (resonance) と呼ばれている．

電源が放送局の電波によってアンテナに起きた起電力とすれば，これは，放送局の送信周波数 ω にあわせコンデンサーの容量かコイルのインダクタンスを変化させ $CL = 1/\omega^2$ とすることで，回路に生じるその周波数の電流の振幅を任意に大きくできることを示す．

その結果，放送局が発信する微弱な電波による音声を聞き取れるようになるのである．

問題 1.2.1 (1.8) は (1.7) の解であることを確かめよ．

例 1.2.3 (ある経済成長モデル) 時刻 t における製品の生産量 (yield) を $Y(t)$ とおく．次の仮定をおく．
- 生産量 $Y(t)$ は，資本 (Kapital) $K(t)$ と労働力 (labour) $L(t)$ によって決まる．これは平面上の関数 F を用いて，$Y = F(K, L)$ と書けることを意味する．
- この F は「拡大相似的」である，すなわち

$$F(\alpha K, \alpha L) = \alpha F(K, L) \quad (\alpha > 0) \tag{1.9}$$

を満たす．

したがって，労働者 1 人あたりの資本力を $k = K/L$ とおくと，労働者 1 人あたりの生産力 $y = Y/L$ は，

$$y = \frac{Y}{L} = \frac{F(K,L)}{L} = F(k, 1)$$

と書ける．そこで，$f(k) = F(k, 1)$ とおくと

$$y = f(k) \tag{1.10}$$

となる．生産される財は消費されるか投資される (将来への蓄え) かのどちらかなので，C と I でそれぞれ消費 (consumption) および投資 (investment) を表すと

$$Y(t) = C(t) + I(t) \tag{1.11}$$

が成り立つ．

資本が増える割合 dK/dt は投資率 (単位時間あたりの資本を投資に回した割合) と考えられるから

$$\frac{dK}{dt}(t) = I(t) \tag{1.12}$$

で表される．(1.10), (1.11) を組み合わせると，

$$\begin{aligned} y = \frac{Y}{L}(t) &= \frac{C}{L}(t) + \frac{I}{L}(t) \\ &= c(t) + \frac{1}{L}\frac{dK}{dt}(t) \end{aligned} \tag{1.13}$$

ここで，$c(t) = C(t)/L(t)$ で労働者 1 人あたりの消費を表した．$k(t) = K(t)/L(t)$ について，

$$\frac{dk}{dt}(t) = \frac{1}{L}\frac{dK}{dt}(t) - \frac{K}{L^2}\frac{dL}{dt}(t) = \frac{1}{L}\frac{dK}{dt}(t) - \frac{k}{L}\frac{dL}{dt}(t) \tag{1.14}$$

労働力は一定割合で増えると仮定すると，L は次を満たす．

$$\frac{dL}{dt}(t) = \lambda L(t) \tag{1.15}$$

(1.10) と (1.13) より

$$f(k) = c(t) + \frac{1}{L}\frac{dK}{dt}(t)$$

これと (1.14) より

$$f(k) = c(t) + \frac{dk}{dt}(t) + \frac{k}{L}\frac{dL}{dt}(t)$$

である．(1.15) を使うと，$k(t)$ の満たす方程式として次が得られる．

$$\frac{dk}{dt}(t) = f(k)(t) - c(t) - \lambda k(t) \tag{1.16}$$

第 1 段階として解が具体的に表される場合を議論しよう．そのために，最も簡単な場合として，

$$f(k) = \mu k, \quad c(t) = at + b \tag{1.17}$$

(ただし，a, b, μ は正の定数) の場合を考える．方程式 (1.16) は

$$\frac{dk}{dt}(t) - (\mu - \lambda)k(t) = -(at + b) \tag{1.18}$$

となる．$\nu = \mu - \lambda$ とおく．$k(0) = k_0$ とすると，このとき $k(t)$ は

$$k(t) = \frac{1}{\nu}\left(at + b + \frac{a}{\nu} + e^{\nu t}\left(\nu k_0 - \left(\frac{a}{\nu} + b\right)\right)\right) \tag{1.19}$$

と表されることが分かる.

ν が正,すなわち労働者1人あたりの生産力の係数 μ が,労働力の増大の割合 λ より大きいとする.このとき

$$k_0 > \frac{1}{\nu}\left(\frac{a}{\nu} + b\right)$$

のもとでは,労働者1人あたりの資本力 k は t が大きくなるにつれ大きくなる.粗くいうと,資本が時とともに大きくなる(経済成長する)という結論になる.

この形の微分方程式の解法は,第4章で学ぶ.

これは,長期における経済成長の趨勢のモデルと考えられる.ここでは,最も簡単な f の例で議論したが,現実では $f(k) = \mu k^\alpha$ $(0 < \alpha < 1)$ が適当であるとされている.その場合,方程式はより難しく次のようになる.

$$\frac{dk}{dt}(t) = \mu k^\alpha(t) - \lambda k(t) - (at + b) \tag{1.20}$$

問題 1.2.2 (1.19) が (1.18) の解であることを確かめよ.

例 1.2.4 シェイクスピアの戯曲「ロミオとジュリエット」に登場する2人の愛憎の変化を見る.スプロット[7]は,時刻 t におけるそれぞれの愛憎量 $R(t)$ と $J(t)$ $(-1 \leq R, J \leq 1)$ は

$$\begin{cases} R' = aR + bJ \\ J' = cR + dJ \end{cases} \tag{1.21}$$

にしたがうとした.ただし,a, b, c, d を実数の定数とする.

ロミオとジュリエットと目を引くタイトルであるが,この論文の主題は,2人の感情の変化をどのように微分方程式として表すかということである.

この方程式においては,ロミオ (R) やジュリエット (J) の愛憎の時間あたりの変化は次のように考えていることになる.

- $a > 0, b > 0$ なら,R はお互い好意を持っているとますます相手を好きになる.
- $a > 0, b < 0$ なら自分が好きという気持ちには素直に反応するが,相手に好きだと言われると気持ちが萎える.
- $a < 0, b > 0$ なら相手の気持ちには素直に反応するが,自分の気持ちとは反対の行動をとる.

- $a < 0, b < 0$ なら自分の気持ちにも相手の気持ちとも反対の行動をとる.

同様に, c, d の符号によって J の気持ちの変化が決定される.

では, このモデルでは 2 人はどのような行動をとるのだろうか? それは, a, b, c, d によって作られる 2 次行列

$$\begin{bmatrix} a & b \\ c & d \end{bmatrix}$$

の固有値によるのである. これは第 9 章と第 10 章で学ぶ.

この論文によると, より精度の高い 2 人の愛憎量のモデルは,

$$\begin{cases} R' = aR + bJ(J - |J|) \\ J' = cR(R - |R|) + dJ \end{cases} \tag{1.22}$$

とされている. このモデルの意味するところは, ロミオの愛憎の時間的変化は,

- J が R を嫌いでなければ, R は, 自分自身の気持ちのみによる ($J \geq 0$ なら, $R' = aR$ である).
- J が R を嫌いなら, 相手の気持ちに影響を受けやすくなる ($J < 0$ なら, $R' = aR + 2bJ^2$).

ということである.

(1.21) の形の微分方程式で表される現象の時間変化については第 11 章で学ぶ.

1.3 モデル化

現象を微分方程式を使って数学的に表そうとするとき, 以下のようなステップをとることになるであろう.

(a) 現象にとって主要な変数を選び, 現象を観測しデータを取る.
(b) 主要な変数間の関係を微分方程式で表す.
(c) この微分方程式を解く.
(d) 解の意味を現象にしたがって説明する.
(e) 解に基づいて, 過去, 現在, 未来のデータの説明や予測をする.
(f) 定式化が正しいかどうか検討する.

例 1.2.1 では,

(a) 時刻 t における放射線量 $N(t)$ を観測する.その結果,放射線量は時間 t の関数であり,時間あたりの変化量は放射線量に比例することを知る.この場合,主要な変数とは,時刻 t とその時刻における放射線量 $N(t)$ のことである.

(b) 時刻 t と放射線量 $N(t)$ の関係を数式で表す.すなわち,λ を比例定数として,次のように書く.

$$\frac{dN}{dt}(t) = -\lambda N(t) \tag{1.23}$$

(c) 上の方程式を満たす関数 $N(t) = N_0 e^{-\lambda t}$ (N_0 は $t=0$ における放射線量) を見つける.

(d) (c) の解と過去のデータを比較し,過去に何が起きたのかを推定したり,未来を予測する.

となる.

注意すべきことは,

・このステップはその順番の通りに進むわけではない.

・各ステップをつねに検証しなければならない.

・あるステップで間違いが見つかったときは,そのステップまで戻り,上で述べたモデル化をやり直さないといけない.

ということである.このように,モデルの妥当性は,いろいろな角度から絶えず検討されるべきことであろう.

Chapter 2
微分方程式を学ぶための言葉

2.1 常微分方程式とは？

第2章では，微分方程式を数学の問題として議論するための言葉を準備する．

定義 2.1.1 (1) 1つの独立変数 t と未知関数 $x(t)$，およびその微分 $x'(t) = dx/dt, x''(t) = d^2x/dt^2, \ldots, x^{(n)}(t) = d^nx/dt^n$ がある関係式で結ばれているとき，これを常微分方程式という．これは

$$f(t, x', x'', \ldots, x^{(n)}) = 0 \tag{2.1}$$

のように書くことができる．たとえば，前章の例 1.2.1 は，

$$f(x, x') = x' + \lambda x = 0$$

と表せる．以下，本書では常微分方程式のみ扱うので，単に微分方程式ということもある．またとくに断らないかぎり，独立変数は t で，未知関数は $x(t)$ で表すことにする．

(2) 微分方程式に現れる最も高階の導関数が $x^{(n)}(t)$ であるとき，これを n 階微分方程式 (nth-order differential equation) という．例 1.2.1 では階数 (order) は 1，例 1.2.2 では階数は 2 である．

2.2 基礎概念・その1

定義 2.2.1 (1) $n+1$ 個の関数 $P_0, P_1, \ldots, P_{n-1}, Q$ に対し，

$$x^{(n)} + P_{n-1}x^{(n-1)} + \cdots + P_1 x' + P_0 x = Q \tag{2.2}$$

(左辺が未知関数 $x(t)$ とその微分や高階微分について 1 次式) の形の微分方程式を, **線形微分方程式** (linear differential equation) という.

線形でない微分方程式を, **非線形微分方程式** (nonlinear differential equation) という.

(2) $Q \equiv 0$ のとき, (2.2) を**同次** (homogeneous) **方程式**という. $Q \not\equiv 0$ のとき, **非同次** (inhomogeneous) **方程式**という.

ここで, $Q \equiv 0$ は Q が恒等的に 0 に等しいことを, $Q \not\equiv 0$ は Q が常に 0 とは限らないことを意味する.

(3) (2.2) において, $n+1$ 個の係数 $P_0, P_1, \ldots, P_{n-1}$ がすべて定数の場合を, **定係数の微分方程式** (constant coefficient differential equation) と呼ぶ. また $P_0, P_1, \ldots, P_{n-1}$ が定数とは限らない場合, **変数係数の微分方程式** (variable coefficient differential equation) と呼ぶ.

例 2.2.1

(1) $x'' + (t+2)x' - t^3 x = 0$ (2 階同次線形)

(2) $x'' + (t+2)x' - t^3 x = e^t$ (2 階非同次線形)

(3) $\begin{cases} x_1' - 2x_1 - 3x_2 = e^t \\ x_2' + 4x_1 + 5x_2 = \cos t \end{cases}$ (連立 1 階非同次線形)

(4) $x' - x^2 = 0$ (1 階非線形)

定義 2.2.2 (連立微分方程式) 上の例 2.2.1 の (3) のように未知関数が複数個 (例では x_1, x_2 の 2 つ) ある方程式を**連立微分方程式** (simultaneous differential equations) という.

注意 2.2.1 例 2.2.1 (3) において

$$\mathbf{x}(t) = \begin{bmatrix} x_1(t) \\ x_2(t) \end{bmatrix}, \quad A = \begin{bmatrix} 2 & 3 \\ -4 & -5 \end{bmatrix}, \quad \mathbf{f}(t) = \begin{bmatrix} e^t \\ \cos t \end{bmatrix}$$

とおくと,

$$(3) \iff \mathbf{x}'(t) - A\,\mathbf{x}(t) = \mathbf{f}(t)$$

である. ここで $\mathbf{x}(t)$ の微分は, 成分ごとの微分

$$\mathbf{x}'(t) = \left[\begin{array}{c} x_1'(t) \\ x_2'(t) \end{array}\right]$$

である．この形の方程式の解法は第 10 章で扱う．

注意 2.2.2 例 2.2.1 の (1), (2) は 1 階連立線形微分方程式に，例 2.2.1 の (3) は 2 階非同次線形微分方程式に書き直すことができる．

証明 **(1)** について $y = x'$ とおくと，$y' = x''$ だから

$$(1) \iff \begin{cases} x' = y \\ y' = x'' = -(t+2)x' + t^3 x = -(t+2)y + t^3 x \end{cases}$$

である．行列で表すと，

$$\frac{d}{dt}\left[\begin{array}{c} x \\ y \end{array}\right] = \left[\begin{array}{c} y \\ t^3 x - (t+2)y \end{array}\right] = \left[\begin{array}{cc} 0 & 1 \\ t^3 & -(t+2) \end{array}\right]\left[\begin{array}{c} x \\ y \end{array}\right]$$

と書ける．(2) についても同様である．

(3) について　第 1 式より

$$x_2 = \frac{1}{3}(x_1' - 2x_1 - e^t)$$

これを微分して

$$x_2' = \frac{1}{3}(x_1'' - 2x_1' - e^t)$$

これらを第 2 式に代入して

$$(x_1'' - 2x_1' - e^t) + 12x_1 + 5(x_1' - 2x_1 - e^t) = 3\cos t$$

これを整理して

$$x_1'' + 3x_1' + 2x_1 = 6e^t + 3\cos t$$

同様にして，x_2 の満たす 2 階非同次線形微分方程式も求められる．　□

問題 2.2.1 例 2.2.1(2) を，行列を用いて連立方程式として表せ．
また，例 2.2.1 の (3) で，x_2 が満たす微分方程式を求めよ．

定義 2.2.3 与えられた微分方程式に，有限回の微分・積分・四則演算・べき根・変数変換を施して解を求める方法を求積法 (quadrature) という．

この本の第 I 部 (第 1〜6 章) と第 II 部 (第 7〜11 章) では，主に求積法について解説する．しかし求積法で解ける微分方程式はごくわずかである．解けないときにどうするかについては第 III 部 (第 12〜17 章) で扱われる．むしろ，そこが本書の主要部といってもよい．

定義 2.2.4 (一般解, 特殊解) 与えられた n 階微分方程式に対して，n 個の任意定数を含む解を**一般解** (general solution) という．一般解の任意定数に具体的数値を代入して得られる個々の解を**特殊解** (particular solution) という．

例 2.2.2 A, B を定数として，関数 x を

$$x(t) = Ae^{2t} + Be^{3t} \tag{2.3}$$

とおく．x が解となる A, B を含まない同次微分方程式を求めてみる．

解 (2.3) を微分して，x', x'' を求めると

$$x'(t) = 2Ae^{2t} + 3Be^{3t} \tag{2.4}$$

$$x''(t) = 4Ae^{2t} + 9Be^{3t} \tag{2.5}$$

(2.3), (2.4), (2.5) で，Ae^{2t}, Be^{3t} の項を消したい．そのために，α, β を定数として，

$$x''(t) = 4Ae^{2t} + 9Be^{3t}$$

$$\alpha x'(t) = 2\alpha Ae^{2t} + 3\alpha Be^{3t}$$

$$\beta x(t) = \beta Ae^{2t} + \beta Be^{3t}$$

の各々を加えてみる．

$$x''(t) + \alpha x'(t) + \beta x(t)$$
$$= (4 + 2\alpha + \beta)Ae^{2t} + (9 + 3\alpha + \beta)Be^{3t} = 0$$

となるように α, β が決まればよい．すなわち

$$\begin{cases} 2\alpha + \beta = -4 \\ 3\alpha + \beta = -9 \end{cases} \tag{2.6}$$

これを解くと，$\alpha = -5, \beta = 6$ となる．以上より，$x(t) = Ae^{2t} + Be^{3t}$ は

$$x''(t) - 5x'(t) + 6x(t) = 0 \tag{2.7}$$

を満たすことが分かった．方程式 (2.7) は定数 A, B を含まないことに注意する．$Ae^{2t} + Be^{3t}$ は (2.7) の一般解であり，例えば，$A = 1, B = 2$ として得られる $e^{2t} + 2e^{3t}$ は (2.7) の特殊解である． □

注意 2.2.3 (一般解の意味)　次の 2 階微分方程式の場合を考える．

$$x''(t) = f(x'(t), x(t)) \tag{2.8}$$

これは，微分の定義に戻ると，次の関係式の $\epsilon \to 0$ の極限と考えられる．

$$\frac{x(t+2\epsilon) - 2x(t+\epsilon) + x(t)}{\epsilon^2} = f\left(\frac{x(t+\epsilon) - x(t)}{\epsilon}, x(t)\right) \tag{2.9}$$

これを書き直すと，

$$x(t+2\epsilon) = 2x(t+\epsilon) - x(t) + \epsilon^2 f\left(\frac{x(t+\epsilon) - x(t)}{\epsilon}, x(t)\right)$$

となり，$x_0 = x(0)$ と $x_1 = x(\epsilon)$ から数列 $x_n = x(n\epsilon)$ $(n = 2, 3, \ldots)$ が定まる．極限を考えれば，$x(0) = x_0$ と $x'(0) = \lim_{\epsilon \to 0} \frac{x_1 - x_0}{\epsilon}$ から (2.8) の解 $x(t)$ がきまるであろう（これは付録 A で示される）．ゆえに一般の解は x_0 と x_1 から決まる．これが一般解の意味である．

2.3　基礎概念・その 2

定義 2.3.1　常微分方程式

$$f(t, x, x', \ldots, x^{(n)}) = 0 \tag{2.10}$$

について，ある点 $t = a$ ($a = 0$ の場合が多い) における条件

$$x(a) = x_0, \quad x'(a) = x_1, \quad \ldots, \quad x^{(n-1)}(a) = x_{n-1} \tag{2.11}$$

を満たす特殊解を求める問題を**初期値問題** (initial value problem) という．また (2.11) をその**初期条件** (initial condition) という．

定義 2.3.2　x_0 と x_1 を与えられた 2 つの実数とする．2 階の微分方程式

$$f(t, x, x', x'') = 0 \quad (a < t < b) \tag{2.12}$$

の場合には，以下の設定が考えられる．ここで，$a < t < b$ とあるのは，この範囲で (2.12) の解を考えることを意味する．

(1) (2.12) と，条件
$$x(a) = x_0, \quad x'(a) = x_1$$
（または $x(b) = x_0, \quad x'(b) = x_1$ ）

を満たす特殊解を求める問題が，初期値問題である．

(2) (2.12) と，条件
$$x(a) = x_0, \; x(b) = x_1 \tag{2.13}$$

を満たす特殊解を求める問題をディリクレ問題 (Dirichlet problem) という．

(3) (2.12) と，条件
$$x'(a) = x_0, \; x'(b) = x_1 \tag{2.14}$$

を満たす特殊解を求める問題をノイマン問題 (Neumann problem) という．

(4) (2) と (3) を合わせて，**境界値問題** (boundary value problem) という．

例 2.3.1
$$x'(t) = -x(t) \quad (t > 0) \tag{2.15}$$

を，初期条件 $x(0) = 1$ のもとで考える．この特殊解として $x(t) = e^{-t}$ がとれる．すなわち，e^{-t} は (2.15) と $x(0) = 1$ を満たす．

例 2.3.2 次の初期値問題を考える．
$$\begin{cases} x'(t) = \sqrt{x(t)} & (t > 0) \\ x(0) = 0 \end{cases} \tag{2.16}$$

(2.16) の解は少なくとも 2 つある．すなわち，
$$x_1(t) \equiv 0, \quad x_2(t) = \frac{t^2}{4} \tag{2.17}$$

である．この解から別の解を次のように作ることができる．$c > 0$ として，
$$x(t) = \begin{cases} 0 & (0 < t \leq c) \\ \dfrac{(t-c)^2}{4} & (t > c) \end{cases} \tag{2.18}$$

(2.18) は，1 階の方程式 (2.16) の一般解である．ただし，解 $x_1(t) \equiv 0$ は，上の定数 c にどんな実数を代入しても現れないことに注意する．

注意 2.3.1 上の x_1 のような解を**特異解** (singular solution) と呼ぶことがある. $x = y^2$ とすれば, $2yy' = x' = \pm y$ であり, $y = 0$ または $y' = \pm\frac{1}{2}$. 前者が $x = 0$ に, 後者が $x = \frac{(t-c)^2}{4}$ に対応する. これは, 適当な変数変換により特異解が理解できる例である.

例 2.3.3 c を負の定数とする.
$$x_c(t) = \frac{1}{t^2 - c}$$
はすべての実数 t でなめらかであり
$$x'(t) + 2tx(t)^2 = 0 \tag{2.19}$$
の解である. ここで $c \to -\infty$ とすると
$$\lim_{c \to -\infty} x_c(t) = 0$$
となる. この 0 も (2.19) の解になる. 以降, 一般解に現れる定数を $\pm\infty$ として得られる解も特殊解ということにする.

注意 2.3.2 例 2.3.3 で, $c > 0$ の場合を考える. $t \to \pm\sqrt{c}$ とするとき, $|x_c| \to +\infty$ となり, $t = \pm\sqrt{c}$ で $x_c(t)$ は連続でない.

このように, t のすべての範囲で解が定義できるとは限らない. しかし, 入門という立場から, この本ではとくに断らない限り, 解の**定義域** (domain : 解がどこで定義できるかの範囲) は気にしないことにする.

注意 2.3.3 (一意性について) 定義 2.3.1 において, 条件 (2.11) のもとで (2.10) を満たす関数は 1 つしかないとき, 解は**一意** (unique) であるという. これは, (2.10) と (2.11) を満たす関数をなんらかの方法で 1 つ見つけたとき, それしかないという点で非常に有用である.

Chapter 3
変数分離形と同次形

3.1 変数分離形

定義 3.1.1 t のみ，x のみの関数 $P(t)$, $Q(x)$ によって

$$\frac{dx}{dt} = P(t)Q(x) \tag{3.1}$$

と表される微分方程式を**変数分離形** (separable differential equation) という．

例 3.1.1 (1) $\dfrac{dx}{dt} = (t+1)\left(x + \dfrac{1}{x}\right)$ は，変数分離形である．

(2) $\dfrac{dx}{dt} = 2t + 3x$ は変数分離形でない．

注意 3.1.1 (不定積分の表し方) 関数 f に対し，$dF/dt = f$ となる関数 F を f の**不定積分** (indefinite integral) といい，

$$F(t) = \int f(t)\,dt + C \quad (C\text{ は積分定数})$$

と表した．本書では，不定積分 F は f のどこかから t までの**定積分** (definite integral) と考え，次のように書くことにする．

$$F(t) = \int^t f(s)\,ds + C \tag{3.2}$$

ここで，積分変数の文字を変えても定積分の値は変わらないことに注意する．

$$F(t) = \int^t f(s)\,ds + C = \int^t f(T)\,dT + C\,(= \cdots)$$

注意 3.1.2 注意 2.3.2 でも述べたが，関数の定義域 (関数が定義される t の範囲) は，とくに必要がない限り気にしないことにする．

変数分離形の例として，次の方程式の一般解を求めてみる．

例 3.1.2 (ロジスティック方程式)
$$\frac{dx}{dt} = x(1-x) \tag{3.3}$$
これは，時刻 t とともに増減するバクテリアの濃度 $x(t)$ の方程式である．

解 この方程式は形式的に
$$\frac{dx}{x(1-x)} = dt \tag{3.4}$$
と書けて，変数分離形である．(3.4) の解は次のように求めることができる．解 $x = x(t)$ は，$t = t_0$ のとき $x(t_0) = x_0$ とする．(3.4) の両辺を t_0 から t まで積分すると，置換積分によって (積分変数を，x, t と区別して u, s と書くと)
$$\int_{x(t_0)}^{x(t)} \frac{du}{u(1-u)} = \int_{t_0}^{t} ds \tag{3.5}$$
すなわち
$$\left[\log\left|\frac{u}{1-u}\right|\right]_{x(t_0)}^{x(t)} = t - t_0$$
したがって
$$\log\left|\frac{x(t)}{1-x(t)}\right| = t - t_0 + \log\left|\frac{x(t_0)}{1-x(t_0)}\right|$$
$-t_0 + \log\left|\frac{x(t_0)}{1-x(t_0)}\right|$ は定数であるので，これを C とおくと
$$\log\left|\frac{x(t)}{1-x(t)}\right| = t + C \tag{3.6}$$
$$\therefore \quad \frac{1-x(t)}{x(t)} = \pm e^{-C} e^{-t}$$
ゆえに解は
$$x(t) = \frac{1}{1+Ce^{-t}} \quad (C \text{ は定数})$$
と書ける．ここで改めて，$\pm e^{-C}$ を C とおいた．なお，得られた解で $C \to 0$ とすると，$x(t) \equiv 1$ という特殊解が得られる．同様に $C \to \infty$ とすると，特殊解 $x(t) \equiv 0$ を得る． □

注意 3.1.3 (3.5) の左辺はどこからか t までの，右辺はそれに対応したどこからか $x(t)$ までの積分である．注意 3.1.1 にならえば，(3.6) が得られる．

定理 3.1.1 (変数分離形の微分方程式の解法)　一般に，(3.1)

$$\frac{dx}{dt}\frac{1}{Q(x)} = P(t)$$

に解があるとして，それを $x = \phi(t)$ と書く．t について両辺をどこかから t まで積分する．すると x はどこかから $x\,(=\phi(t))$ まで動き，置換積分により

$$\int^t \frac{1}{Q(u)}\frac{du}{ds}ds = \int^{x(=\phi(t))} \frac{du}{Q(u)} = \int^t P(s)\,ds + C \quad (3.7)$$

(C は定数) となる．この t と x の関係式 (3.7) が (3.1) の解を与える．

注意 3.1.4　結局，解 (3.7) は形式的に

$$\frac{dx}{Q(x)} = P(t)\,dt \quad (3.8)$$

の両辺を積分したものといえる．

3.2　同　次　形

定義 3.2.1　未知関数 $x(t)$ の微分が x/t の関数である，すなわち

$$\frac{dx}{dt} = f\left(\frac{x}{t}\right) \quad (3.9)$$

という形の微分方程式を同次形 (homogeneous differential equation) という．

定義 2.2.1 の同次と上の同次形という言葉は，異なる内容を表すことに注意する．

$y = \dfrac{x}{t}$，$x = ty$ とおく．$\dfrac{dx}{dt} = y + t\dfrac{dy}{dt}$ であるので，

$$(3.9) \iff t\frac{dy}{dt} + y = f(y)$$

$$\iff \frac{dy}{dt} = \frac{f(y) - y}{t} \quad (3.10)$$

である．(3.10) は変数分離形であるので解くことができる．

定理 3.2.1 (同次形方程式の解法) (3.9) は, (3.10) と変換することで

$$\int^y \frac{du}{f(u)-u} = \int^t \frac{ds}{s} + C = \log e^C |t|$$

$$\therefore \quad t = \pm e^{-C} \exp\left(\int^{x/t} \frac{du}{f(u)-u}\right) \quad (C \text{ は定数})$$

と解ける. $\pm e^{-C}$ を改めて C とおくと, 一般解は次で表される.

$$t = C \exp\left(\int^{x/t} \frac{du}{f(u)-u}\right) \quad (C \text{ は定数})$$

例 3.2.1 次の微分方程式を解く.

$$\frac{dx}{dt} = e^{x/t} + \frac{x}{t} \tag{3.11}$$

解 $y = x/t, \quad x = ty$ とおく. これを (3.11) に代入すると,

$$y + t\frac{dy}{dt} = e^y + y, \quad e^{-y}\frac{dy}{dt} = \frac{1}{t}$$

形式的に $e^{-y} dy = dt/t$ と変形し, これを積分すると,

$$\int^y e^{-u} du = \int^t \frac{ds}{s} + C, \quad -e^{-y} = \log|t| + C$$

$$\therefore \quad e^{-x/t} = \log\frac{1}{|t|} - C \quad (C \text{ は定数}) \tag{3.12}$$

(3.12) は x について解けるが, 変数 t と x の関係式が求まれば良いと考え, これを解としてよい. □

問題 3.2.1 (3.12) を $x(t)$ について解くと

$$x(t) = -t\log\left|\log\frac{1}{|t|} - C\right| \tag{3.13}$$

となる. これを確かめよ.

3.3 同次形に変換できる場合

A, B, C, D, p, q を定数とし, 次の形の微分方程式を考える.

$$\frac{dx}{dt} = f\left(\frac{At + Bx + p}{Ct + Dx + q}\right) \tag{3.14}$$

これは以下のようにして同次形あるいは変数分離形に変換できる．

(1) $AD - BC \neq 0$ のとき．変数 t, x を τ, ξ に

$$\begin{cases} t = \tau + \alpha \\ x = \xi + \beta \end{cases} \tag{3.15}$$

と変換する．ここで α, β は定数である．$dx/dt = d\xi/d\tau$ であり，

$$\begin{cases} At + Bx + p = A\tau + B\xi + (A\alpha + B\beta + p) \\ Ct + Dx + q = C\tau + D\xi + (C\alpha + D\beta + q) \end{cases}$$

であるから

$$\begin{cases} A\alpha + B\beta + p = 0 \\ C\alpha + D\beta + q = 0 \end{cases} \tag{3.16}$$

となれば

$$\frac{d\xi}{d\tau} = f\left(\frac{A\tau + B\xi}{C\tau + D\xi}\right) = f\left(\frac{A + B\,\xi/\tau}{C + D\,\xi/\tau}\right)$$

と変形できる．右辺は，ξ/τ の関数であるから同次形である．$AD - BC \neq 0$ のときは，α と β は (3.16) の解として，次で与えられる．

$$\begin{cases} \alpha = \dfrac{-Dp + Bq}{AD - BC} \\ \beta = \dfrac{Cp - Aq}{AD - BC} \end{cases}$$

(2) $AD - BC = 0$ のとき．$u = Ct + Dx + q$ とおく．ベクトル (A, B) と (C, D) は 1 次従属であるから，ある実数 k が存在して $(A, B) = k(C, D)$ と書ける．したがって，与えられた方程式 (3.14) は

$$\begin{aligned} \frac{du}{dt} &= C + D\,\frac{dx}{dt} = C + Df\left(\frac{k(u-q) + p}{u}\right) \\ &= C + Df\left(k + \frac{p - kq}{u}\right) \end{aligned} \tag{3.17}$$

と変数分離形に帰着できる．

例 3.3.1 次の方程式を解く．

$$\frac{dx}{dt} = \frac{t - 2x + 3}{2t + x - 4} \tag{3.18}$$

3.3 同次形に変換できる場合

解 $t = \tau + \alpha, x = \xi + \beta$ とおく．与えられた方程式が同次形になるためには，

$$\begin{cases} \alpha - 2\beta + 3 = 0 \\ 2\alpha + \beta - 4 = 0 \end{cases}$$

を満たせばよい．この解 $\alpha = 1, \beta = 2$ をとると，

$$\frac{dx}{dt} = \frac{d\xi}{d\tau} = \frac{\tau - 2\xi}{2\tau + \xi} = \frac{1 - 2\xi/\tau}{2 + \xi/\tau}$$

となり，同次形に帰着できる．$y = \xi/\tau$ とおくと，

$$\frac{d\xi}{d\tau} = \tau \frac{dy}{d\tau} + y \quad \text{より} \quad \tau \frac{dy}{d\tau} + y = \frac{1 - 2y}{2 + y}$$

$$\tau \frac{dy}{d\tau} = \frac{1 - 2y}{2 + y} - y = \frac{1 - 4y - y^2}{2 + y}$$

$$\therefore \quad \int^y \frac{(1 - 4u - u^2)'}{1 - 4u - u^2} du = -2 \int^\tau \frac{ds}{s} + C \quad (C \text{ は定数})$$

(積分記号下で y, τ を u, s とした．) よって

$$\log|1 - 4y - y^2| = \log|\tau|^{-2} + C$$

$\pm e^C$ を C とおき直して

$$(1 - 4y - y^2)\tau^2 = C$$

これを t と x で表せば，解は次で与えられることになる．

$$(t-1)^2 - 4(t-1)(x-2) - (x-2)^2 = C \tag{3.19}$$

□

問題 3.3.1 (3.19) の概形を次のようにして調べよ．

(1) $T = (t-1) + k(x-2), X = l(x-2)$ とおくと，平方完成により，(3.19) $\iff T^2 - X^2 = C$ とできる．k, l を求めよ．

(2) $T^2 - X^2 = C$ が表す双曲線を，用いた1次変換 $(t,x) \to (T,X)$ の逆写像を用いて，(t,x) 平面にうつす．それが (3.19) の表す曲線である．

章末問題 3

3.1 $x = x(t)$ の次の変数分離形の微分方程式の解を求めよ.
    (1) $(1-t)x' + (1-x) = 0$ (2) $xx' + t = 0$
    (3) $x' = e^{t+x}$ (4) $x' = \cos(t-x) - \cos(t+x)$
    (5) $x' = \sqrt{(1-x^2)t}$ (6) $x' = txe^{t^2}$

3.2 次の微分方程式の解を求めよ.
    (1) $x' = \dfrac{t}{t+x}$ (2) $x' = \tan\dfrac{x}{t} + \dfrac{x}{t}$
    (3) $x' = \dfrac{t+2x+1}{t-x-2}$ (4) $x' = \dfrac{t+x+3}{2t+2x+1}$
    (5) $tx' = x + \sqrt{t^2+x^2}$ (6) $(t^2-x^2)x' = 2tx$
    (7) $x' = 1 + \dfrac{x}{t} + \left(\dfrac{x}{t}\right)^2$

3.3 問題 3.1(1)(2)(3) のそれぞれについて,解の描く曲線の概形を調べてみよ.

Chapter 4

1 階線形微分方程式

4.1 定数変化法

定義 **4.1.1** $P(x), Q(t)$ を与えられた関数とする.

$$\frac{dx}{dt} + P(t)x = Q(t) \tag{4.1}$$

の形の微分方程式を, 非同次 1 階線形方程式と呼んだ (第 2 章).

定義 **4.1.2** 定数変化法 (variation of constants) とは, (4.1) の一般解を求める以下の手続きをいう.

<u>Step 1</u> $Q \equiv 0$ の同次方程式 $\dfrac{dx}{dt} + P(t)x = 0$ を解く. 変数分離形なので

$$x(t) = C \exp\left(-\int^t P(s)\,ds\right) \quad (C \text{ は定数}) \tag{4.2}$$

と解ける. ここで, $\exp(x) = e^x$ である (x に長い式を代入する際の記法).

<u>Step 2</u> 同次方程式の解 (4.2) の C を, 改めて t の関数 $C(t)$ と考え

$$x(t) = C(t) \exp\left(-\int^t P(s)\,ds\right) \tag{4.3}$$

の形の解を求める. (4.3) を微分すると,

$$\begin{aligned}\frac{dx}{dt}(t) &= \frac{dC}{dt}(t)\exp\left(-\int^t P(s)\,ds\right) \\ &\quad - C(t)P(t)\exp\left(-\int^t P(s)\,ds\right)\end{aligned} \tag{4.4}$$

ここで $\dfrac{d(e^{F(t)})}{dt} = e^{F(t)}\dfrac{dF}{dt}(t)$, $\dfrac{d}{dt}\int^t P(s)\,ds = P(t)$ を用いた. したがって

$$\frac{dx}{dt}(t) = \frac{dC}{dt}(t)\exp\left(-\int^t P(s)\,ds\right) - P(t)x(t)$$

移項すれば
$$\frac{dx}{dt}(t) + P(t)x(t) = \frac{dC}{dx}(t)\exp\left(-\int^t P(s)\,ds\right) \tag{4.5}$$

(4.1) と比べると，$x(t)$ が解 $\iff$ (4.5) の右辺 $= Q(t)$ である.

$$\therefore \quad \frac{dC}{dt}(t) = Q(t)\exp\left(\int^t P(s)\,ds\right)$$

$$\therefore \quad C(t) = \int^t Q(s)\exp\left(\int^s P(u)\,du\right)ds + D \quad (D は定数) \tag{4.6}$$

Step 3 (4.6) を (4.3) に代入して，求める解を得る.

$$x(t) = \left\{\int^t Q(s)\exp\left(\int^s P(u)\,du\right)ds + D\right\}\exp\left(-\int^t P(s)\,ds\right) \tag{4.7}$$

検算 (4.7) が (4.1) の解であることを確かめておく. (4.7) を微分すると

$$\frac{dx}{dt}(t) = Q(t)\exp\left(\int^t P(s)\,ds\right)\exp\left(-\int^t P(s)\,ds\right)$$
$$+ \underbrace{\left\{\int^t Q(s)\exp\left(\int^s P(u)\,du\right)ds + D\right\}\exp\left(-\int^t P(s)\,ds\right)}_{x(t)}(-P(t))$$

たしかに $\dfrac{dx}{dt}(t) = Q(t) - P(t)x(t)$ となり，$x(t)$ は (4.1) の解である. □

注意 4.1.1 (何をしているのか？) なぜ定数変化法で微分方程式 (4.1) が解けるのか考えてみる. Step 1 で求めた解の逆数

$$\exp\left(\int^t P(s)\,ds\right)$$

を (4.1) の両辺に掛け合わせてみる.

$$\frac{dx}{dt}\exp\left(\int^t P(s)\,ds\right) + x(t)\underbrace{\exp\left(\int^t P(s)\,ds\right)P(t)}_{\frac{d}{dt}\exp(\int^t P(s)\,ds)}$$
$$= Q(t)\exp\left(\int^t P(s)\,ds\right)$$

したがって
$$\frac{d}{dt}\left(x(t)\exp\left(\int^t P(s)\,ds\right)\right) = Q(t)\exp\left(\int^t P(s)\,ds\right) \tag{4.8}$$

(4.8) を積分すると (4.7) を得る.

すなわち,Step 1 で求めた解の逆数を (4.1) に掛け合わせることによって,(4.1) の左辺を 1 つの関数の微分で表しているのである.

注意 4.1.2 結局,Step 1 で求めた関数を $x_1 = \exp\left(-\int^t P(s)ds\right)$ とするとき,解 x との比 $x_1^{-1}(t)x(t) = C(t)$ へと未知関数を取りかえることによって,方程式 (4.1) の左辺を 1 つの関数 $C(t)$ の微分で表したのが定数変化法といえる.この変形は,

$$x_1^{-1}\left(\frac{d}{dt} + P\right)(x_1 C) = \frac{dC}{dt} \tag{4.9}$$

と書ける.一般に,$x(t) = C(t)y(t)$ とすれば

$$y^{-1}\left(\frac{d}{dt} + P\right)(yC) = \frac{dC}{dt} + \left(P + \frac{y'}{y}\right)C \tag{4.10}$$

となる.$y'/y + P = 0$,すなわち $y = x_1$ のとき,右辺が簡単になる.

例 4.1.1 定数変化法によって,次の方程式を解け.

$$t\frac{dx}{dt}(t) - 2x(t) = t^3 \cos t \tag{4.11}$$

解 Step 1 まず同次方程式 $t\dfrac{dx}{dt}(t) - 2x(t) = 0$ を解くと

$$x(t) = Ct^2 \quad (C \text{ は定数}) \tag{4.12}$$

Step 2 次に,C を t の関数と思って微分すると,

$$x(t) = C(t)t^2, \quad \frac{dx}{dt}(t) = \frac{dC}{dt}(t)t^2 + 2C(t)t$$

これらを (4.11) に代入すると

$$t\frac{dx}{dt}(t) - 2x(t) = \frac{dC}{dt}(t)t^3 + 2C(t)t^2 - 2C(t)t^2 = t^3 \cos t$$

$$\therefore \quad \frac{dC}{dt}(t) = \cos t, \quad C(t) = \sin t + C \quad (C \text{ は定数})$$

$$\therefore \quad x(t) = t^2(\sin t + C) \qquad \square$$

4.2 ベルヌーイ形

定義 4.2.1 α を $0, 1$ でない定数とするとき

$$\frac{dx}{dt}(t) + P(t)x(t) = Q(t)x(t)^\alpha \tag{4.13}$$

の形の微分方程式をベルヌーイ形 (Bernoulli type) という.

定理 4.2.1 ベルヌーイ形微分方程式は，1 階線形の方程式に帰着できる.

証明 (4.13) の両辺に，$x(t)^{-\alpha}$ をかけると

$$\underbrace{x^{-\alpha}\frac{dx}{dt}(t)}_{\parallel \atop \frac{1}{1-\alpha}\frac{dx^{1-\alpha}}{dt}} + P(t)x^{1-\alpha}(t) = Q(t)$$

$u = x^{1-\alpha}$ とおく. すると u は

$$\frac{1}{1-\alpha}\frac{du}{dt}(t) + P(t)u(t) = Q(t)$$

となり，これは 1 階線形の方程式である. □

例 4.2.1 $\dfrac{dx}{dt}(t) + tx(t) = tx^3(x)$ を解け.

解 <u>Step 1</u> $\dfrac{1}{x^3}\dfrac{dx}{dt} + \dfrac{t}{x^2} = t$ であり

$$\iff -\frac{1}{2}\frac{dx^{-2}}{dt} + \frac{t}{x^2} = t \quad \text{(第 1 項を書き換えた)}$$

$$\iff -\frac{1}{2}\frac{du}{dt} + tu = t \quad (u = 1/x^2 \text{とおいた})$$

$$\iff \frac{du}{dt} - 2tu = -2t \tag{4.14}$$

<u>Step 2</u> (4.14) を定数変化法によって解く. まず

$$\frac{du}{dt} - 2tu = 0$$

を解くと，$u(t) = Ce^{t^2}$ である.

(4.14) の解が, $u(t) = C(t)\,e^{t^2}$ と書けたとして, (4.14) に代入すると

$$\frac{dC}{dt}(t)e^{t^2} + 2tC(t)e^{t^2} - 2tC(t)e^{t^2} = -2t$$

$$\therefore \quad \frac{dC}{dt}(t) = -2te^{-t^2}, \quad C(t) = e^{-t^2} + C$$

$$\therefore \quad u(t) = Ce^{t^2} + 1$$

$u = 1/x^2$ であったから,求める解は

$$x(t) = \frac{\pm 1}{\sqrt{1 + Ce^{t^2}}} \quad (C \text{ は定数}) \qquad \square$$

問題 4.2.1 次のベルヌーイ形の微分方程式の解を求めよ.

(1) $x' + x = tx^3$ (2) $2tx' + x + 3t^2x^2 = 0$

章末問題 4

4.1 次の微分方程式の解を求めよ．
 (1) $tx' + x = t(1-t^3)$ (2) $x' - x = \cos t$
 (3) $t^2 x' + (1-2t)x = t^2$ (4) $x' + 2x\tan t = \sin t$

4.2 次のベルヌーイ形の微分方程式の解を求めよ．
 (1) $tx' + x = x^2 \log t$ (2) $tx' + x = t\sqrt{x}$

4.3 次の形の微分方程式をリッカーティ (Riccati) 形の微分方程式という．
$$x' + x^2 = R(t) \quad (R(t) \text{ は与えられた関数}) \tag{4.15}$$
(4.15) の特殊解の 1 つを x_1 とし，もう 1 つの解を x とすると，$y = x - x_1$ はベルヌーイ形の方程式
$$y' + 2x_1 y + y^2 = 0$$
を満たすことを示せ．

4.4 4.3 の考え方を用いて次の方程式の一般解を求めよ．
 (1) $x' + x^2 + 3x + 2 = 0$ [ヒント：$x_1 = k$ (定数) にとる]
 (2) $x' + e^t x^2 + x - e^{-t} = 0$ [$x_1 = e^{-t}$ にとれる]

4.5 微分方程式
$$t^2 x' + t^2 x^2 - 2 = 0 \tag{4.16}$$
を考える．
 (1) $x = -1/t$ は (4.16) の 1 つの解であることを示せ．
 (2) $y = x + 1/t$ と変換すると，y に関する方程式は
$$y' + y^2 - \frac{2y}{t} = 0 \tag{4.17}$$
となることを示せ．
 (3) (4.17) を解き，(4.16) の一般解を求めよ．[ヒント：$y = \dfrac{u'}{u}$ とおく]

Chapter 5

完全微分方程式

5.1 復習：偏微分と全微分

平面上の関数 $F(x, y)$ は C^2 級，すなわち 2 回微分可能で 2 階導関数は連続であるとする．平面上の関数 $z = F(x, y)$ を，平面上の曲線

$$p(t) = (x(t), y(t)) \quad (t \in \mathbb{R})$$

に沿って考える．曲線 p 上の F の微分は，合成関数 $F(p(t))$ の微分として

$$\frac{dF}{dt}(x(t), y(t)) = \frac{\partial F}{\partial x}\frac{dx}{dt} + \frac{\partial F}{\partial y}\frac{dy}{dt} \tag{5.1}$$

で与えられる．$\partial F/\partial x$ は y を止めて x について微分した**偏微分** (partial derivative) であり，F_x とも書いた．$\partial F/\partial y = F_y$ についても同様である．

定義 5.1.1 (5.1) で形式的に，微分を無限小の分数と見て dt を約せば，

$$dF = \frac{\partial F}{\partial x}dx + \frac{\partial F}{\partial y}dy \tag{5.2}$$

を得る．これは，x と y がそれぞれ dx と dy だけ変化したときの，F の 全変化量を表している．この dF を，$F(x, y)$ の**全微分** (total derivative) という．

例 5.1.1 $F(x, y) = x^2 + y^2$ の全微分は，$dF = 2xdx + 2ydy$ である．

ところで，この F を半径 r の円周 $p(t) = (r\cos t, r\sin t)$ ($r > 0$ は定数) に制限すれば $F(p(t)) = r^2$ (一定) である．条件を t で微分すれば

$$\frac{dF(x(t), y(t))}{dt} = 2x\frac{dx}{dt} + 2y\frac{dy}{dt} = 0 \tag{5.3}$$

を得る．これを形式的に dt を払って整理すれば

$$dF = 2xdx + 2ydy = 0 \quad \text{すなわち} \quad \frac{dy}{dx} = -\frac{x}{y} \tag{5.4}$$

を得る. 接線方向 (dx, dy) がつねに位置ベクトル (x, y) に垂直という条件であり, 点 (x, y) が $F =$ 一定, すなわち円の上にあるとき, y を x の関数と見ると (5.4) が成り立つ. 逆に, (5.4) は円を定める. 実際, 解を表す関係式として $x^2 + y^2 = C$(定数) が得られる (次の問題).

問題 5.1.1 (1) (5.4) を変数分離形と見て, 一般解を求めよ.
 (2) (5.4) は同次形でもある. $u = \dfrac{y}{x}$ とおくとき, $\dfrac{u}{1+u^2}\dfrac{du}{dx} = -\dfrac{1}{x}$ を示せ.
 (3) (2) で得られた方程式を $u = \tan\theta$ とおいて解くと, $x = C\cos\theta$ (C は定数) となることを示せ. さらに $y = C\sin\theta$ となること, したがって (x, y) が円を描くことを (再度) 確かめよ.

5.2 完全微分方程式とは？

この章では
$$P(x, y)\, dx + Q(x, y)\, dy = 0 \tag{5.5}$$
なる形の方程式を考える. ここでは, (5.5) は
$$\frac{dy}{dx} = -\frac{P(x, y)}{Q(x, y)} \tag{5.6}$$
を書き換えたものと考える.

注意 5.2.1 第 4 章までの微分方程式は (5.5) の一部と考えられる. 実際,

変数分離形 $\dfrac{dy}{dx} = S(x)T(y)$ は $S(x)\,dx - \dfrac{dy}{T(y)} = 0$

1 階線形 $\dfrac{dy}{dx} + S(x)y = T(x)$ は $(S(x)y - T(x))\,dx + dy = 0$

のように変形できる.

定義 5.2.1 (5.5) が, **完全微分方程式** (exact differential equation) であるとは,
$$dF(x, y) = P(x, y)\, dx + Q(x, y)\, dy\ (= 0) \tag{5.7}$$
となる F があるものをいう. $dF = F_x dx + F_y dy$ であったから,
$$(5.7) \iff F_x = P,\ F_y = Q \tag{5.8}$$
である.

注意 5.2.2 一般に，$P(x,y)dx + Q(x,y)dy$ の形のものを，2 変数の **1 次微分形式** (differential form of degree one) と呼ぶ．これがある 2 変数関数の全微分 dF に等しいとき，**完全形式** (exact form) と呼ぶ．「完全形式 = 0」という形の微分方程式を完全微分方程式と呼ぶ，ということである．

例 5.2.1 次の x と y の関係式で定まる平面の曲線を考える．

$$x^2 + x^4 y^3 - y^4 = C \quad (C \text{ は定数}) \tag{5.9}$$

左辺を F とおけば，F の全微分は，この曲線上の点 (x,y) では 0 であり

$$dF(x,y) = (2x + 4x^3 y^3)\,dx + (3x^4 y^2 - 4y^3)\,dy = 0 \tag{5.10}$$

となる．(5.10) は，通常の微分方程式の形で書くと，

$$\frac{dy}{dx} = -\frac{2x + 4x^3 y^3}{3x^4 y^2 - 4y^3} \tag{5.11}$$

である．(5.9)⇒(5.10)⇒(5.11) だから，(5.9) は (5.11) の解 (を表す) 曲線を与えていると考えられる．

定義 5.2.2 (5.5) または (5.6) の解 $F(x,y) = C$ (定数) で定まる曲線を (完全微分方程式における) **解曲線** (integral curve) という．

注意 5.2.3 (5.9) が y について解けたとすると，その解 $y = y(x)$ は (5.11) をみたす．したがって (5.9) を (5.11) の解とみてよい．$y(x)$ を具体的な式で与えることは，この場合 y についての 4 次方程式 (5.9) を解かねばならない．しかし**陰関数の定理** (implicit function theorem) によれば，曲線上の $F_y \neq 0$ である点 (x,y) の近くにおいては，$y = y(x)$ が x の関数として一意的に定まり，$dy/dx = -F_x/F_y$ ($\because F_x dx + F_y dy = 0$) となる．

例 5.1.1 の場合 ($F = $ 一定は円を表す) でいえば，接線が垂直になる $(\pm r, 0)$ 以外の点では $y = \pm\sqrt{r^2 - x^2} \neq 0$ が定まり，$\frac{dy}{dx} = -\frac{2x}{2y} = \mp x/\sqrt{r^2 - x^2} \neq \pm\infty$．

与えられた方程式 (たとえば (5.10)) に対して，(5.9) のような x と y の関係式 $F(x,y) = C$ が求まれば，それを解と見なせる．すなわち

$$P(x,y)\,dx + Q(x,y)\,dy = 0 \tag{5.12}$$

が完全で

$$\frac{\partial F}{\partial x} = P, \quad \frac{\partial F}{\partial y} = Q \tag{5.13}$$

を満たす $F(x,y)$ が見つけられたとする．このとき $F(x,y) = C$ (C は定数) を y について解いた $y = y(x)$ は

$$\frac{dy}{dx} = -\frac{P(x,y)}{Q(x,y)}$$

を満たす．

問題 5.2.1 $x^2 + y^2 = C$ において $C < 0$ のときのように，実数の範囲では，関係式 $F(x,y) = C$ を満たす平面上の点 (x,y) がない場合がある．(5.9) の場合，これを満たす (x,y) が，すべての実数 C に対して存在することを示せ．

例 5.2.2 次が完全微分方程式であることを確かめる．

$$3x^2 y^4 \, dx + 4x^3 y^3 \, dy = 0 \tag{5.14}$$

左辺を dF と表せるような F があればよく，それには $F(x,y) = x^3 y^4$ とすればよい．実際

$$\begin{aligned} dF &= \frac{\partial F}{\partial x} dx + \frac{\partial F}{\partial y} dy \\ &= 3x^2 y^4 \, dx + 4x^3 y^3 \, dy \end{aligned} \qquad \square$$

命題 5.2.1 一般に，与えられた $P(x,y), Q(x,y)$ に対して，

$$dF = P(x,y) \, dx + Q(x,y) \, dy \tag{5.15}$$

となる C^2 級の $F(x,y)$ が存在するならば，次が必要である．

$$\frac{\partial P}{\partial y} = \frac{\partial Q}{\partial x} \tag{5.16}$$

証明 (5.15) は，$\dfrac{\partial F}{\partial x} = P$, $\dfrac{\partial F}{\partial y} = Q$ と同値である．これより

$$\frac{\partial P}{\partial y} = \frac{\partial^2 F}{\partial y \partial x} = \frac{\partial^2 F}{\partial x \partial y} = \frac{\partial Q}{\partial x} \qquad \square$$

(5.16) は F が存在するための必要条件だが，じつはこのとき求める F が存在する (次節)．

例 5.2.3 (5.14) を xy^2 で割った

$$3xy^2\,dx + 4x^2 y\,dy = 0 \tag{5.17}$$

は完全形でない. 実際, もし完全形ならば, ある F が存在して

$$\frac{\partial F}{\partial x} = 3xy^2, \quad \frac{\partial F}{\partial y} = 4x^2 y$$

となるはずだが,

$$\frac{\partial F}{\partial x} = 3xy^2 \quad \text{より} \quad \frac{\partial^2 F}{\partial y \partial x} = 6xy$$

$$\frac{\partial F}{\partial y} = 4x^2 y \quad \text{より} \quad \frac{\partial^2 F}{\partial x \partial y} = 8xy \tag{5.18}$$

これらが一致しないので, そのような F は存在しないことが分かる.

逆に考えると, 与えられた方程式 (5.5) が完全でなくても, 適当な関数を掛けると完全になる場合もある (つねにできるとは限らない). これについては次章で学ぶ.

問題 5.2.2 (x, y) は, $F(x, y) = x^2 - y^2 = C$(定数) を満たし動くとする.
(1) $\dfrac{dy}{dx} = \dfrac{x}{y} \cdots (*)$ を示せ. また, 変数分離形と見て一般解を求めよ.
(2) $(*)$ は同次形でもあることに注意し, $u = y/x$ として解け.
 [$u = \dfrac{\sinh t}{\cosh t}$ と変換せよ. $\cosh t = \frac{e^t + e^{-t}}{2}$, $\sinh t = \frac{e^t - e^{-t}}{2}$ は双曲線関数 (hyperbolic function) と呼ばれ, $\cosh' t = \sinh t$, $\sinh' t = \cosh t$ である.]
(3) (2) より $(x, y) = (k \cosh t, \pm k \sinh t)$ (k は定数) を示し, その軌跡の方程式が $F(x, y) = C$ と一致することを確かめよ.

5.3 完全微分方程式の解法

定理 5.3.1 関数 $P(x, y)$, $Q(x, y)$ は C^1 級であり,

$$\frac{\partial P}{\partial y} = \frac{\partial Q}{\partial x} \tag{5.19}$$

とする.

(1)
$$dF = P(x,y)\,dx + Q(x,y)\,dy \tag{5.20}$$

を満たす (x_0, y_0) を通る (すなわち $F(x_0, y_0) = 0$ となる) $F(x,y)$ は，次で与えられる (x_0, y_0 は任意).

$$F(x,y) = \int_{x_0}^{x} P(s, y_0)\,ds + \int_{y_0}^{y} Q(x, t)\,dt \tag{5.21}$$

(2) 微分方程式 $Pdx + Qdy = 0$ の解曲線は，(5.21) の F を用いて $F(x,y) = C$ (定数) で与えられる. (x_0, y_0) を通る解の場合，$C = 0$ である.

命題 5.2.1 と組み合わせると，(5.19) は，(5.5) が完全微分方程式になるための必要十分条件であることが分かる.

証明 (1) 次の 2 式を満たす F を求めたい.

$$\begin{cases} \dfrac{\partial F}{\partial x} = P(x,y) & (5.22) \\[6pt] \dfrac{\partial F}{\partial y} = Q(x,y) & (5.23) \end{cases}$$

<u>Step 1</u> 点 (x_0, y_0) から出発して，$F(x, y_0)$ を得るには，(5.22) を積分して

$$F(x, y_0) = \int_{x_0}^{x} P(s, y_0)\,ds \tag{5.24}$$

とすればよい. さらに，$F(x,y)$ を得るには，(5.23) を y について積分して

$$F(x,y) = F(x, y_0) + \int_{y_0}^{y} Q(x, t)\,dt \tag{5.25}$$

とすればよい. これで (5.22) が得られた.

<u>Step 2</u> (5.25) は，作り方より (5.23) を満たす.

$$\frac{\partial F}{\partial y}(x,y) = \frac{\partial}{\partial y} \int_{y_0}^{y} Q(x,t)\,dt = Q(x,y)$$

(5.22) についても，条件 $P_y = Q_x$ を使うと以下のように確認できる.

$$\begin{aligned}\frac{\partial F}{\partial x}(x,y) &= \frac{\partial}{\partial x} \int_{x_0}^{x} P(s, y_0)\,ds + \frac{\partial}{\partial x} \int_{y_0}^{y} Q(x, t)\,dt \\ &= P(x, y_0) + \int_{y_0}^{y} \frac{\partial Q}{\partial x}(x, t)\,dt \\ &= P(x, y_0) + \int_{y_0}^{y} \frac{\partial P}{\partial t}(x, t)\,dt = P(x,y)\end{aligned}$$

以上で P が C^1 級 (P の偏微分が連続) なら微分と積分は交換可能ということ, すなわち $\frac{\partial}{\partial y} \int_{x_0}^x P(s,y)\,ds = \int_{x_0}^x \frac{\partial P}{\partial y}(s,y)\,ds$ を用いている.

(2) は, $dF = Pdx + Qdy$ であるから, (1) よりただちにしたがう. (x_0, y_0) を通る解曲線については $C = 0$ である.

最後に, (5.5) が完全微分方程式であることと, $P_y = Q_x$ を満たすことが同値であることを示す. 命題 5.2.1 より, 完全微分方程式ならば $P_y = Q_x$ が必要である. 逆に (5.5) において, $P_y = Q_x$ であれば, (1) により (5.7) を満たす F がある. すなわち, (5.5) は完全微分方程式といえる. □

注意 5.3.1 (1) (x_0, y_0) の取り方を変えると, F は積分定数だけ変わる.
(2) 先に y で, 次に x で積分すると, (5.21) について次の表示も得られる.
$$F(x,y) = \int_{y_0}^y Q(x_0, t)\,dt + \int_{x_0}^x P(s, y)\,ds \tag{5.26}$$
これが (5.21) と一致することは, 次のように分かる.
$$\begin{aligned}(5.26) - (5.21) &= \int_{x_0}^x (P(s,y) - P(s,y_0))ds + \int_{y_0}^y (Q(x_0, t) - Q(x, t))dt \\ &= \int_{x_0}^x ds \left(\int_{y_0}^y \frac{\partial P}{\partial t}(s,t)\,dt \right) - \int_{y_0}^y dt \left(\int_{x_0}^x \frac{\partial Q}{\partial s}(s,t)\,ds \right) \\ &= \int_{x_0}^x ds \left(\int_{y_0}^y \frac{\partial P}{\partial t}(s,t)\,dt \right) - \int_{x_0}^x ds \left(\int_{y_0}^y \frac{\partial P}{\partial t}(s,t)\,dt \right) = 0\end{aligned}$$
ここで, 条件 $Q_s(s,t) = P_t(s,t)$ と, P が C^1 級なら
$$\int_{y_0}^y dt \left(\int_{x_0}^x \frac{\partial P}{\partial t}(s,t)\,ds \right) = \int_{x_0}^x ds \left(\int_{y_0}^y \frac{\partial P}{\partial t}(s,t)\,dt \right)$$
が成り立つこと (積分の順序交換) を用いた.

例 5.3.1 次の方程式の解を, 完全微分方程式と見て求める.
$$\frac{dy}{dx} + \frac{2xy}{x^2 + \cos y} = 0 \tag{5.27}$$

解 (5.27) を
$$2xy\,dx + (x^2 + \cos y)\,dy = 0 \tag{5.28}$$
と書くと, $P = 2xy$, $Q = x^2 + \cos y$ は

$$\frac{\partial P}{\partial y} = \frac{\partial Q}{\partial x} \; (= 2x) \tag{5.29}$$

を満たしている．したがって，定理 5.3.1 より (5.28) は完全微分形である．(5.21) より，ある (x_0, y_0) を始点として F を求めると

$$F(x,y) = \int_{x_0}^{x} 2sy_0 \, ds + \int_{y_0}^{y} (x^2 + \cos t) \, dt$$

$$\therefore \; F(x,y) = C \iff (x^2 - x_0^2)y_0 + (y - y_0)x^2 + \sin y - \sin y_0 = C$$

$$\therefore \; x^2 y + \sin y = \underbrace{x_0^2 y_0 + \sin y_0 + C}_{\text{改めて } C \text{ とおく}}$$

すなわち，一般解が次で与えられる．

$$x^2 y + \sin y = C \quad (C \text{ は定数}) \tag{5.30}$$

ここで，解は $F(x,y) = C$ のように，(x_0, y_0) が現れない形で書けたことに注意しよう．もし (5.30) が，$x^2 y + x_0 \sin y = C$ (C は定数) のように x_0 が C に取り込めない形になったら，それは間違いである． □

問題 5.3.1 (1) 次の方程式が完全形であることを確かめ，一般解を求めよ．

$$(x^2 - y) \, dx + (y^2 - x) \, dy = 0 \tag{5.31}$$

(2) (5.31) の解が，デカルトの葉線 (folium of Descartes) とよばれる曲線 $(x, y) = (\frac{3t}{1+t^3}, \frac{3t^2}{1+t^3})$ (t は実数) を含むことを確かめよ．また，概形を調べよ．

章末問題 5

5.1 次の微分方程式が完全形であることを確かめ，その解を求めよ．

(1) $(\cos y + y\cos x)dx + (\sin x - x\sin y)dy = 0$

(2) $(2e^{2x}y - 4x)dx + e^{2x}dy = 0$

(3) $\dfrac{2x}{y}dx + \left(1 - \dfrac{x^2}{y^2}\right)dy = 0$

(4) $(4x - 5y + 6)\,dx - (5x + 3y - 11)\,dy = 0$

(5) $(y + 3x)\,dx + x\,dy = 0$

(6) $x(x + 2y)\,dx + (x^2 - y^2)\,dy = 0$

(7) $\dfrac{2xy + 1}{y}\,dx + \dfrac{y - x}{y^2}\,dy = 0$

5.2 $F(x, y) = r = \sqrt{x^2 + y^2}$ とする．

(1) dF を求めよ．

(2) $r^\alpha dF = Pdx + Qdy$ (α は実数) も，$P_y = Q_x$ を満たすことを示せ．

(3) $dG = r^\alpha dF$ となる $G(x, y)$ を求めよ．ただし $\alpha \neq -1$ とする．

Chapter 6

積 分 因 子

微分方程式

$$P(x,y)\,dx + Q(x,y)\,dy = 0 \tag{6.1}$$

が完全でない場合でも，ある関数 $\lambda(x,y)$ を掛けることによって完全形にできる場合がある．このような λ を**積分因子** (integrating factor) という．この章では積分因子の見つけ方について，P と Q が特殊な場合について紹介する．

6.1 積 分 因 子

(6.1) を λ 倍した，(6.1) と同じ方程式

$$(\lambda P)(x,y)\,dx + (\lambda Q)(x,y)\,dy = 0 \tag{6.2}$$

が完全微分形であるためには，(5.16) の条件 $\dfrac{\partial(\lambda P)}{\partial y} = \dfrac{\partial(\lambda Q)}{\partial x}$，すなわち

$$\frac{\partial \lambda}{\partial y}P + \lambda\frac{\partial P}{\partial y} = \frac{\partial \lambda}{\partial x}Q + \lambda\frac{\partial Q}{\partial x} \tag{6.3}$$

が成立しないといけない．以下，(6.3) を満たす λ の見つけ方を考察する．

> **定理 6.1.1** 微分方程式 $P\,dx + Q\,dy = 0$ において
>
> $$\frac{P_y - Q_x}{Q} \tag{6.4}$$
>
> が x のみの関数のとき，積分因子として，以下のように表される x の関数 $\lambda(x)$ がとれる．
>
> $$\lambda(x) = \exp\Bigl(\int^x \frac{1}{Q(s,y)}\Bigl(\frac{\partial P(s,y)}{\partial y} - \frac{\partial Q(s,y)}{\partial s}\Bigr)ds\Bigr) \tag{6.5}$$

証明 (6.3) より

$$\frac{\partial \lambda}{\partial x}Q - \frac{\partial \lambda}{\partial y}P = \lambda\Big(\frac{\partial P}{\partial y} - \frac{\partial Q}{\partial x}\Big) \tag{6.6}$$

である. x のみの関数 $\lambda = \lambda(x)$ で (6.6) をみたすものを求めてみると，(6.6) より，λ, Q が恒等的に 0 でなければ

$$\frac{1}{\lambda}\frac{d\lambda}{dx} = \frac{1}{Q}\Big(\frac{\partial P}{\partial y} - \frac{\partial Q}{\partial x}\Big)$$

である. 仮定よりこの右辺は x のみの関数である. よって λ も

$$\int^x \frac{d}{ds}\log\lambda(s)\,ds = \int^x \frac{1}{Q}\Big(\frac{\partial P}{\partial y} - \frac{\partial Q}{\partial s}\Big)(s)\,ds + C \quad (C \text{ は定数})$$

により x の関数として求めることができる ($C=0$ ととれる).

$$\therefore \quad \log\lambda(x) = \int^x \frac{1}{Q}\Big(\frac{\partial P}{\partial y} - \frac{\partial Q}{\partial s}\Big)(s)\,ds \qquad \square$$

問題 6.1.1 (1) 関数 (6.5) が (6.3) を満たすことを，直接確かめよ.

(2) $\dfrac{P_y - Q_x}{P}$ が y のみの関数となる場合，

$$\lambda(y) = \exp\Big(\int^y \frac{-1}{P(x,t)}\Big(\frac{\partial P(x,t)}{\partial t} - \frac{\partial Q(x,t)}{\partial x}\Big)dt\Big)$$

が積分因子となることを確かめよ.

次に，実数 A, B, C, D, p, q, r, s は $AD - BC \neq 0$ とし

$$\begin{cases} P(x,y) = (Ax^p y^q + Bx^r y^s)y \\ Q(x,y) = (Cx^p y^q + Dx^r y^s)x \end{cases} \tag{6.7}$$

の場合を考える.

定理 6.1.2 (6.7) の P, Q に対し，$P\,dx + Q\,dy = 0$ の積分因子は，単項式 $\lambda(x,y) = x^\alpha y^\beta$ で与えられる. ここで，α, β は次を満たすものとする.

$$\begin{bmatrix} C & -A \\ D & -B \end{bmatrix}\begin{bmatrix} \alpha \\ \beta \end{bmatrix} = \begin{bmatrix} A(q+1) - C(p+1) \\ B(s+1) - D(r+1) \end{bmatrix} \tag{6.8}$$

証明 $\begin{cases} (\lambda P)(x,y) = Ax^{p+\alpha}y^{q+\beta+1} + Bx^{r+\alpha}y^{s+\beta+1} \\ (\lambda Q)(x,y) = Cx^{p+\alpha+1}y^{q+\beta} + Dx^{r+\alpha+1}y^{s+\beta} \end{cases}$ であるから

$$\begin{cases} \dfrac{\partial(\lambda P)}{\partial y}(x,y) = A(q+\beta+1)x^{p+\alpha}y^{q+\beta} + B(s+\beta+1)x^{r+\alpha}y^{s+\beta} \\ \dfrac{\partial(\lambda Q)}{\partial x}(x,y) = C(p+\alpha+1)x^{p+\alpha}y^{q+\beta} + D(r+\alpha+1)x^{r+\alpha}y^{s+\beta} \end{cases}$$

よって

$$(6.3) \iff \begin{cases} A(q+\beta+1) = C(p+\alpha+1) \\ B(s+\beta+1) = D(r+\alpha+1) \end{cases} \iff (6.8) \qquad (6.9)$$

この条件の下で，前章の公式 (5.21) より，(x_0, y_0) を通る解曲線は

$$F_\lambda(x,y) = \int_{x_0}^x (\lambda P)(s, y_0)\, ds + \int_{y_0}^y (\lambda Q)(x,t)\, dt = 0$$

で与えられる．この積分を実行すると

$$\frac{A}{p+\alpha+1}\left[s^{p+\alpha+1} y_0^{q+\beta+1}\right]_{s=x_0}^{x} + \frac{B}{r+\alpha+1}\left[s^{r+\alpha+1} y_0^{q+\beta+1}\right]_{s=x_0}^{x}$$
$$+ \frac{C}{q+\beta+1}\left[x^{p+\alpha+1} t^{q+\beta+1}\right]_{t=y_0}^{y} + \frac{D}{s+\beta+1}\left[x^{r+\alpha+1} t^{q+\beta+1}\right]_{t=y_0}^{y} = 0$$

すなわち

$$\frac{A}{p+\alpha+1}(x^{p+\alpha+1} y_0^{q+\beta+1} - x_0^{p+\alpha+1} y_0^{q+\beta+1})$$
$$+ \frac{B}{r+\alpha+1}(x^{r+\alpha+1} y_0^{s+\beta+1} - x_0^{r+\alpha+1} y_0^{s+\beta+1})$$
$$+ \frac{C}{q+\beta+1}(x^{p+\alpha+1} y^{q+\beta+1} - x^{p+\alpha+1} y_0^{q+\beta+1})$$
$$+ \frac{D}{s+\beta+1}(x^{r+\alpha+1} y^{s+\beta+1} - x^{r+\alpha+1} y_0^{s+\beta+1}) = 0 \qquad (6.10)$$

となる．ここで (6.9) に注意すると，

$$\begin{cases} \dfrac{A}{p+\alpha+1} = \dfrac{C}{q+\beta+1} \\ \dfrac{B}{r+\alpha+1} = \dfrac{D}{s+\beta+1} \end{cases}$$

であり，(6.10) は次の形に整理できる (C_0 は x_0, y_0 できまる定数)．

$$\frac{A}{p+\alpha+1}x^{p+\alpha+1} y^{q+\beta+1} + \frac{B}{r+\alpha+1}x^{r+\alpha+1} y^{s+\beta+1} = C_0 \qquad (6.11)$$

λF を (6.11) の左辺とおくと，$(\lambda F)_x = \lambda P$，$(\lambda F)_y = \lambda Q$ であるので，(6.2) が満たされていることが分かる． □

注意 6.1.1 章末問題 5.2 の例のように,積分因子は 1 つだけとは限らず,また一般には存在しない場合もある.しかし完全形となった微分方程式の解は,積分因子のとり方によらず定まる.

6.2 不変性を持つ微分方程式

P, Q の形が具体的に書かれる場合のほか,次のようにある条件を満たす場合に積分因子を求められることもある.

定理 6.2.1 微分方程式 $P(x,y)\,dx + Q(x,y)\,dy = 0$ (6.1) は,変数変換

$$\begin{cases} X = e^t x \\ Y = e^{-t} y \end{cases} \quad (t \text{ は任意の実数}) \tag{6.12}$$

のもとで不変であるとする.すなわち (6.1) と (6.12) から,$P(X,Y)\,dX + Q(X,Y)\,dY = 0$ がしたがうとする.このとき,以下が成り立つ.

(1) $e^t P(e^t x, e^{-t} y) = P(x,y), \quad e^{-t} Q(e^t x, e^{-t} y) = Q(x,y)$

(2) $P + xP_x - yP_y = 0, \quad -Q + xQ_x - yQ_y = 0 \tag{6.13}$

(3) $\mu = \dfrac{1}{xP - yQ}$ はこの微分方程式の積分因子である. (6.14)

証明 (1) は次より明らかである.

$$P(e^t x, e^{-t} y) d(e^t x) + Q(e^t x, e^{-t} y) d(e^{-t} y) = P(x,y) dx + Q(x,y) dy$$

(2) $P(e^t x, e^{-t} y) e^t = P(x,y), \quad Q(e^t x, e^{-t} y) e^{-t} = Q(x,y)$ の両辺を t について微分して,$t=0$ とすればよい.

(3) μ が積分因子であることを見るには,

$$(\mu P)_y = \mu_y P + \mu P_y = \mu_x Q + \mu Q_x = (\mu Q)_x \tag{6.15}$$

であることを示せばよい.$\lambda = \dfrac{1}{\mu} = xP - yQ$ とおくと

$$\lambda_x = P + xP_x - yQ_x, \quad \lambda_y = -Q + xP_y - yQ_y \tag{6.16}$$

$$\therefore \quad \mu_x = -\frac{P + xP_x - yQ_x}{\lambda^2}, \quad \mu_y = -\frac{-Q + xP_y - yQ_y}{\lambda^2}$$

これを (6.15) に代入すると

$$(\mu P)_y = \frac{PQ + (yQ_y - xP_y)P + \lambda P_y}{\lambda^2}$$
$$= \frac{PQ + yPQ_y - yP_yQ}{\lambda^2} \tag{6.17}$$
$$(\mu Q)_x = \frac{-PQ + (yQ_x - xP_x)Q + \lambda Q_x}{\lambda^2}$$
$$= \frac{-PQ - xP_xQ + xPQ_x}{\lambda^2} \tag{6.18}$$

(2) の関係式 $yQ_y = -Q + xQ_x$ を (6.17) に,$xP_x = -P + yP_y$ を (6.18) に代入すると,

$$(\mu P)_y = \frac{xPQ_x - yP_yQ}{\lambda^2} = (\mu Q)_x$$

を得る. □

問題 6.2.1 以下の方程式に定理 6.2.1 が適用できることをそれぞれ確かめ,この方法で解を求めよ.

(1) $-(xy+2)dx + x^2 dy = 0$ (2) $dx - x^2(1+xy)dy = 0$

章末問題 6

6.1 積分因子を求めて，次の全微分方程式の解を求めよ．
  (1) $(xy^2 - y^3)\,dx + (xy^2 - x^2y)\,dy = 0$
  (2) $(x^2 + y)\,dx - x\,dy = 0$ (3) $2y\,dx - x\,dy = 0$
  (4) $x\,dy - y\,dx - 2x^2\,dx = 0$

6.2 以下の全微分方程式を考える．
$$(2xy^2 + y)dx + (y - x)dy = 0 \tag{6.19}$$

  (1) $P = 2xy^2 + y, Q = y - x$ とおくと $(Q_x - P_y)/P$ が y だけの関数になることに注意して，積分因子を求めよ．
  (2) (6.19) を解け．

6.3 $r = \sqrt{x^2 + y^2}$ とし，α は実数とする．
  (1) $-ydx + xdy$ に対する積分因子を r^α の形で求めよ．
  (2) $-ydx + xdy = 0$ の解曲線を求めよ．
  (3) C_R を半径 $R > 0$ で原点が中心の円とする．上で定めた α に対して，C_R を左回りに一周する線積分 $\int_{C_R} r^\alpha(-ydx + xdy)$ を求め，これが 0 でないことを確かめよ．

これは，線積分をする領域の内側に微分形式が不連続点をもつとき，線積分の結果が始点と終点だけで決まるとは限らないことを示す例である．

第II部 基本編

Chapter 7

定係数線形微分方程式 (1)・同次解

7.1 同次 2 階定係数線形微分方程式の基本解

第 7 章と第 8 章では，2 階線形微分方程式

$$x''(t) + a(t)x'(t) + b(t)x(t) = R(t) \tag{7.1}$$

のうち，a と b が定数の場合を考える．R は与えられた関数である．

R が恒等的に 0 であるとき (下の (7.2)) を同次，そうでないときを非同次と呼んだ．ここで，3.2 節の同次形とは別の言葉であることに注意．

係数 a, b が定数のとき，(7.1) を定係数線形微分方程式 (constant coefficients linear ordinary differential equation) といい，そのうちどちらかが定数でないとき変数係数線形微分方程式 (variable coefficients linear ordinary dfferential equation) と呼ぶ．

定理 7.1.1 (方程式の線形性) x_1, x_2 が 2 階同次線形微分方程式

$$x''(t) + a(t)x'(t) + b(t)x(t) = 0 \tag{7.2}$$

の解のとき，その 1 次結合 $C_1 x_1 + C_2 x_2$ (C_1, C_2 は定数) も (7.2) の解である．

証明 x_1, x_2 は (7.2) の解であるから，

$$x_1''(t) + a(t)x_1'(t) + b(t)x_1(t) = 0 \tag{7.3}$$

$$x_2''(t) + a(t)x_2'(t) + b(t)x_2(t) = 0 \tag{7.4}$$

$C_1 \times (7.3) + C_2 \times (7.4)$ を作ると

$$\begin{aligned}
0 &= C_1 x_1''(t) + C_1 a x_1'(t) + C_1 b x_1(t) \\
&\quad + C_2 x_2''(t) + C_2 a x_2'(t) + C_2 b x_2(t) \\
&= (C_1 x_1 + C_2 x_2)'' + a(C_1 x_1 + C_2 x_2)' + b(C_1 x_1 + C_2 x_2)
\end{aligned}$$

すなわち，$x = C_1 x_1 + C_2 x_2$ も (7.2) を満たす． □

定義 7.1.1 (関数の **1** 次独立性)　2つの関数 x_1, x_2 について，

$$C_1 x_1(t) + C_2 x_2(t) = 0 \quad (すべての \ t \ において) \tag{7.5}$$

となる定数 C_1, C_2 が

(1)　$C_1 = C_2 = 0$ だけのとき，x_1, x_2 を **1 次独立** (linearly independent)

(2)　$C_1 = C_2 = 0$ 以外にあるとき，x_1, x_2 を **1 次従属** (linearly dependent)

という．

(7.5) の「すべての t」とは，関数 x_1 と x_2 を考える (定義されている) すべての t において，ということである．

例 7.1.1　実数 t に対し次の $x_1(t), x_2(t)$ を考える．

$$x_1(t) = 2t + 3, \quad x_2(t) = 3t + 4 \tag{7.6}$$

これらは 1 次独立である．実際，

$$\begin{aligned}
(C_1 x_1 + C_2 x_2)(t) &= C_1(2t + 3) + C_2(3t + 4) = 0 \\
\iff (2C_1 + 3C_2)t &+ (3C_1 + 4C_2) = 0
\end{aligned} \tag{7.7}$$

これがすべての t について成立することと，次は同値である．

$$\begin{cases} 2C_1 + 3C_2 = 0 \\ 3C_1 + 4C_2 = 0 \end{cases}$$

この解は，$C_1 = C_2 = 0$ に限る．ゆえに x_1 と x_2 は 1 次独立である．

例 7.1.2　次の $x_1(t), x_2(t)$ (t は実数) は 1 次従属である．

$$x_1(t) = t + 2, \quad x_2(t) = 3t + 6 \tag{7.8}$$

実際, $3x_1 = x_2$ すなわち $-3x_1 + x_2 = 0$ である.

ここで $3x_1 = x_2$ は, 関数として両辺が等しいこと, すなわち $3x_1 \equiv x_2$ (恒等的に等しい) の意味である. $-3x_1 + x_2 = 0$ も同様である.

定義 7.1.2 微分方程式 (7.2) に対し, 次の2つを満たす解の組 x_1, x_2 があることが以下で示される (定理 7.1.2).
 (i) x_1 と x_2 は 1 次独立.
 (ii) (7.2) のすべての解は, x_1, x_2 の 1 次結合 $C_1 x_1 + C_2 x_2$ (C_1, C_2 は定数) で表される.

このとき, 解の組 x_1, x_2 を, (7.2) の**基本解系** (fundamental system of solutions) または**基本解** (basis solution) という.

注意 7.1.1 基本解 x_1, x_2 が存在するということは, 「(7.2) の解全体

$$V = \{x \mid x \text{ は (7.2) の解}\} \tag{7.9}$$

は, 2次元ベクトル空間であり, x_1, x_2 を基底に持つ」ということである.

V を (7.2) の**解空間** (space of solutions, solution space) という.

---

a, b は実の定数として, (7.2) の解を求めてみる. $x(t) = e^{\lambda t}$ を (7.2) に代入すると

$$x''(t) + ax'(t) + bx(t) = (\lambda^2 + a\lambda + b)e^{\lambda t} \tag{7.10}$$

よって

$$\lambda^2 + a\lambda + b = 0 \tag{7.11}$$

ならば, $e^{\lambda t}$ は (7.2) の解である.

定義 7.1.3 (7.11) を (7.2) の**特性方程式** (characteristic equation) という.

定理 7.1.2 実定数 a, b を係数とする方程式

$$x''(t) + ax'(t) + bx(t) = 0 \tag{7.12}$$

については, 特性方程式

$$\lambda^2 + a\lambda + b = 0$$

の解を用いることで，1組の基本解が次のように与えられる．

(1) 異なる実数解 α, β を持つとき（ $a^2 - 4b > 0$ ）：$e^{\alpha t}, e^{\beta t}$

(2) 異なる複素数解 $p \pm iq$ のとき（ $a^2 - 4b < 0$ ）：$e^{pt}\cos qt, e^{pt}\sin qt$

(3) 重解 α を持つとき（ $a^2 - 4b = 0$ ）：$e^{\alpha t}, te^{\alpha t}$

問題 7.1.1 定理の (2), (3) のとき，これらが確かに解であることを確かめよ．

7.2 なぜ指数関数で解が見つかるか

定理 7.1.2 を示す前に，なぜ指数関数で解が見つかるかを説明しよう．

(1) の場合，すなわち，$\alpha \neq \beta$ が

$$x''(t) + ax'(t) + bx(t) = 0 \tag{7.13}$$

の特性方程式

$$\lambda^2 + a\lambda + b = 0$$

の解である場合を考える．解と係数の関係より，(7.13) は

$$\left(\frac{d^2}{dt^2} + a\frac{d}{dt} + b\right)x(t) = \left(\frac{d^2}{dt^2} - (\alpha+\beta)\frac{d}{dt} + \alpha\beta\right)x(t)$$

$$= \left(\frac{d}{dt} - \alpha\right)\left(\frac{d}{dt} - \beta\right)x(t) = 0 \tag{7.14}$$

と変形できることに注意する．

$$\left(\frac{d}{dt} - \beta\right)x(t) = 0 \tag{7.15}$$

が成り立てば，(7.14) $= 0$ となる．(7.15) は，解として

$$Ce^{\beta t} \quad (C \text{ は定数})$$

を持つ．(7.14) の任意の解 $x(t)$ について考えるため

$$\left(\frac{d}{dt} - \beta\right)x(t) = y(t) \tag{7.16}$$

とおく．(7.14) より $\left(\frac{d}{dt} - \alpha\right)y(t) = 0$ であり，$y(t) = Ce^{\alpha t}$．すなわち

である. これは $x(t) = C(t)e^{\beta t}$ とおき定数変化法で解ける. その結果

$$\left(\frac{d}{dt} - \beta\right)x(t) = Ce^{\alpha t} \quad (C は定数) \tag{7.17}$$

$$x(t) = C_1 e^{\alpha t} + C_2 e^{\beta t} \quad (C_1, C_2 は定数) \tag{7.18}$$

となり,すべての解が指数関数 $e^{\alpha t}, e^{\beta t}$ の1次結合で表されることになる.

なお,$e^{\alpha t}$ を得るには,(7.14)で α と β を入れ替えて考えてもよい.

問題 7.2.1 (7.17)を定数変化法で解き,一般解が(7.18)であることを確かめよ.

定理 7.1.2 の証明 (1)の場合 $x(t) = e^{\alpha t}, e^{\beta t}$ $(\alpha \neq \beta)$ が解であることは分かっている. そこで,定義 7.1.2 の2条件を確かめればよい.

(i) $e^{\alpha t}, e^{\beta t}$ が1次独立であること.

$$C_1 e^{\alpha t} + C_2 e^{\beta t} = 0 \tag{7.19}$$

ならば,$C_1 = C_2 = 0$ であることを示せばよい. これは,(7.19)とこれを微分した式

$$C_1 \alpha e^{\alpha t} + C_2 \beta e^{\beta t} = 0$$

とを連立させて解くことで分かる.

(ii) すべての解が $C_1 e^{\alpha t} + C_2 e^{\beta t}$ の形であること. これはすでに示した.

よって(1)の場合に定理が確かめられた.

(2)の場合 特性方程式の解はたがいに共役なので,$\alpha, \beta = p \pm iq$ (p, q は実数,$q \neq 0$) と表せる. 形式的な計算は(1)のときと同じである.

一般解 $x(t)$ は,複素数の指数関数

$$e^{\alpha t} = e^{(p+iq)t}, e^{\beta t} = e^{(p-iq)t} \tag{7.20}$$

の1次結合で表される. すなわち,C_1, C_2 を定数として,

$$x(t) = C_1 e^{\alpha t} + C_2 e^{\beta t} = e^{pt}(C_1 e^{iqt} + C_2 e^{-iqt})$$

オイラーの公式 (付録 C 命題 C.1 (2)) $e^{i\theta} = \cos\theta + i\sin\theta$ を用いると

$$x(t) = e^{pt}\{(C_1 + C_2)\cos qt + i(C_1 - C_2)\sin qt\}$$

と,実数の範囲で表示できる. $C_1 + C_2, i(C_1 - C_2)$ を改めて C_1, C_2 とおくと

$$x(t) = e^{pt}(C_1 \cos qt + C_2 \sin qt) \tag{7.21}$$

これが一般解を表すから，(ii) が分かった．(i) の 1 次独立性についても，

$$(7.21) = 0 \quad \text{すなわち} \quad C_1 \cos qt + C_2 \sin qt = 0$$

および，これを微分して得られる式

$$-C_1 q \sin qt + C_2 q \cos qt = 0$$

を連立させることで，$C_1 = C_2 = 0$ が分かる．

<u>(3) の場合</u> $x_1(t) = e^{\alpha t}$ は (7.2) の解である．$x_1(t)$ と 1 次独立な解 $x_2(t)$ を見つけたい．α が重根であるから，方程式を (7.14) のように書き直すと

$$x''(t) + ax'(t) + bx(t) = \left(\frac{d}{dt} - \alpha\right)^2 x(t) = 0 \tag{7.22}$$

となる．$\left(\dfrac{d}{dt} - \alpha\right) x(t) = y(t)$ とおけば，$\left(\dfrac{d}{dt} - \alpha\right) y(t) = 0$ より $y(t) = C_1 e^{\alpha t}$ (C_1 は定数)．よって一般解は

$$\left(\frac{d}{dt} - \alpha\right) x(t) = C_1 e^{\alpha t} \tag{7.23}$$

を解けば得られる．$x(t) = C(t) e^{\alpha t}$ と定数変化法を使って解くと

$$\left(\frac{d}{dt} - \alpha\right)(C(t)e^{\alpha t}) = C_1 e^{\alpha t} \iff \frac{dC}{dt}(t) = C_1 \tag{7.24}$$

よって $C(t) = C_1 t + C_2$ (C_1, C_2 は定数) であり

$$x(t) = (C_1 t + C_2)e^{\alpha t} = C_1 t e^{\alpha t} + C_2 e^{\alpha t} \tag{7.25}$$

すなわち，$x_1(t) = e^{\alpha t}$ と 1 次独立な解 $x_2(t) = te^{\alpha t}$ が得られる．一般解はこれらの 1 次結合である．

(7.25) $= 0$ なら，$C_1 t + C_2 \equiv 0$ より $C_1 = C_2 = 0$ なので，x_1, x_2 は 1 次独立である．すなわち，x_1, x_2 は (i), (ii) を満たし，基本解を与える． □

注意 7.2.1 基本解とは解空間の基底のことであり，線形代数で学んだように基底は別の関数に取り換えることができる．たとえば x_1, x_2 が基本解のとき，定数 k_1, k_2, l_1, l_2 に対し，$y_1 = k_1 x_1 + k_2 x_2$, $y_2 = l_1 x_1 + l_2 x_2$ も

$$k_1 l_2 - k_2 l_1 \neq 0$$

ならば基本解になる．

章末問題 7

7.1 方程式
$$x'' + 5x' + 6x = 0 \tag{7.26}$$
を考える。以下の問いに答えよ。
(1) $x_1 = e^{-2t}$ と $x_2 = e^{-3t}$ は (7.26) の特殊解であることを確かめよ。
(2) x_1 と x_2 は 1 次独立であることを示せ。
(3) (7.26) の一般解は x_1 と x_2 の 1 次結合で書ける。これは，本書のどの定義，または定理を使うと分かるか？

7.2 方程式
$$x'' + 6x' + 9x = 0 \tag{7.27}$$
を考える。以下の問いに答えよ。
(1) $x_1 = e^{-3t}$ と $x_2 = te^{-3t}$ は (7.27) の特殊解であることを確かめよ。
(2) x_1 と x_2 は 1 次独立であることを示せ。
(3) (7.27) の一般解は x_1 と x_2 の 1 次結合で書ける。これは，本書のどの定義，または定理を使うと分かるか？

7.3 次の微分方程式の一般解を求めよ。
(1) $x'' - 5x' + 6x = 0$ (2) $x'' - 3x' + 2x = 0$
(3) $x'' - 4x' + 4x = 0$ (4) $x'' + 4x = 0$

7.4 1 次元の運動方程式 (1.1) で $m = 1$ とし，変位 x に比例し逆向きのフックの力と，速度 x' に比例し逆向きの抵抗とを受ける場合を考える。
$$x'' = -kx - lx' \quad (k = \omega^2 > 0,\ l \geq 0) \tag{7.28}$$
(1) $l = 0$ のとき，一般解を求めよ。この場合の運動を**単振動** (simple oscilation)，ω をその**周期** (period) という。
(2) $l > 0$ のとき，特性方程式の判別式 $D = l^2 - 4k$ の符号で場合分けを行い，一般解を求めよ。$D < 0, D = 0, D > 0$ の場合を，それぞれ**減衰振動** (dumped oscilation)，**臨界減衰** (critical dumping)，**過減衰** (over dumping) という。
(3) それぞれの場合について，初期条件 $x(0) = 1, x'(0) = 0$ の下で解 $x(t)$ の概形を描き，比較せよ。

Chapter 8
定係数線形微分方程式 (2)・非同次解

8.1 定係数 2 階非同次線形微分方程式

第 7 章の結果を使って，第 8 章では定係数の非同次方程式

$$x''(t) + ax'(t) + bx(t) = R(t) \quad (R \not\equiv 0) \tag{8.1}$$

(a, b は定数) を解くことを考える．(8.1) に対応する同次方程式は

$$x''(t) + ax'(t) + bx(t) = 0 \tag{8.2}$$

である．(8.1) の 1 つの特殊解を x_0，一般解を x とすると，2 つの解の差 $y = x - x_0$ は，

$$\begin{aligned}y''(t) + ay'(t) + by(t) &= x''(t) + ax'(t) + bx(t) - (x_0''(t) + ax_0'(t) + bx_0(t)) \\ &= R - R = 0\end{aligned}$$

となり，同次方程式 (8.2) を満たす．

このとき $x = x_0 + y$ であるから，次の (1) が分かった．

定理 8.1.1 (1) 非同次方程式 (8.1) の一般解は，1 つの特殊解と同次方程式の一般解の和である：

$$(8.1) \text{ の一般解} = (8.1) \text{ の特殊解} + (8.2) \text{ の一般解}$$

(2) とくに R が表 8.1 の左の関数の場合，右列に示す形で特殊解を具体的に求めることができる．ただし，A, B, C, D, γ, q は定数，m は自然数とする．

表 8.1 特殊解の例

	$R(t)$	同次方程式 (8.2) の特性方程式 $\lambda^2 + a\lambda + b = 0$ の解 α, β による場合分け	(8.1) の特殊解の形
(i)	t^m	$\alpha\beta \neq 0$	t の m 次式
		$\alpha = 0, \beta \neq 0$	$t \times (t$ の $m+1$ 次式$)$
		$\alpha = \beta = 0$	$t^{m+2}/(m+1)(m+2)$
(ii)	$e^{\gamma t}$	$\alpha, \beta \neq \gamma$	$e^{\gamma t}/(\gamma-\alpha)(\gamma-\beta)$
		$\alpha = \gamma, \beta \neq \gamma$	$\{t/(\gamma-\beta) - 1/(\gamma-\beta)^2\}e^{\gamma t}$
		$\alpha = \beta = \gamma$	$t^2 e^{\gamma t}/2$
(iii)	$A\cos(qt) + B\sin(qt)$	$\alpha, \beta \neq \pm iq$	$C\cos(qt) + D\sin(qt)$
		$\alpha = iq$	$t(C\cos(qt) + D\sin(qt))$

例 8.1.1 $b \neq 0$ かつ $R(t) = t^2$ のときの方程式

$$x''(t) + ax'(t) + bx(t) = R(t) = t^2 \tag{8.3}$$

の特殊解を,

$$P(t) = c_2 t^2 + c_1 t + c_0$$

という 2 次式と仮定して求めてみる. この方程式は, 解とその 1 階および 2 階微分の 1 次結合が t^2 になるといっているので, 2 次の多項式は特殊解の有力な候補になることは想像がつく.

$$P'(t) = 2c_2 t + c_1, \quad P''(t) = 2c_2$$

であるので, これらを方程式 (8.3) に代入すると

$$\begin{aligned}
P''(t) &+ aP'(t) + bP(t) \\
&= 2c_2 + a(2c_2 t + c_1) + b(c_2 t^2 + c_1 t + c_0) \\
&= bc_2\, t^2 + (2ac_2 + bc_1)t + (bc_0 + ac_1 + 2c_2) = t^2
\end{aligned}$$

$$\therefore \quad bc_2 = 1, \quad 2ac_2 + bc_1 = 0, \quad bc_0 + ac_1 + 2c_2 = 0$$

よって, $c_2 = \dfrac{1}{b}$, $c_1 = -\dfrac{2a}{b}c_2 = -\dfrac{2a}{b^2}$, $c_0 = -\dfrac{1}{b}(ac_1 + 2c_2) = 2\left(\dfrac{a}{b}\right)^2 \dfrac{1}{b} - \dfrac{2}{b^2}$

となる. □

問題 8.1.1 以下で与えられた関数 x_1 と x_2 は, 微分方程式

$$x'' - 3x' + 2x = \sin t \tag{8.4}$$

の特殊解であることを示せ．また，それぞれを用いることで，一般解の2つの表示を求め，さらにそれらは同じものと見なせることを示せ (つまり，一方の一般解でもう一方が表される)．

$$x_1(t) = \frac{3}{10}\cos t + \frac{1}{10}\sin t, \quad x_2(t) = \frac{3}{10}\cos t + \frac{1}{10}\sin t + e^t$$

問題 8.1.2 表 8.1(ii) のそれぞれの特殊解が，確かにそれぞれの場合の方程式を満たすことを確かめよ．また (i), (iii) のとき，表の形の関数が特殊解を与えるよう係数を定めよ [章末問題 8.3 も参照]．

8.2 特殊解の求め方

(8.1) の特殊解を定数変化法で求めることができる．x_1, x_2 を (8.2) の1次独立な解とし，

$$x(t) = C_1(t)x_1(t) + C_2(t)x_2(t) \tag{8.5}$$

の形で解を見つけてみる．

$$\begin{aligned} x'(t) =\ & C_1(t)x_1'(t) + C_2(t)x_2'(t) \\ & + C_1'(t)x_1(t) + C_2'(t)x_2(t) \end{aligned}$$

である．簡単のために

$$C_1'(t)x_1(t) + C_2'(t)x_2(t) = 0 \tag{8.6}$$

を満たすものがあると仮定すると，

$$\begin{aligned} x'(t) =\ & C_1(t)x_1'(t) + C_2(t)x_2'(t) \\ x''(t) =\ & C_1(t)x_1''(t) + C_2(t)x_2''(t) \\ & + C_1'(t)x_1'(t) + C_2'(t)x_2'(t) \end{aligned} \tag{8.7}$$

(8.7) を (8.1) に代入すると，

$$\begin{aligned} & (C_1(t)x_1''(t) + C_2(t)x_2''(t)) + (C_1'(t)x_1'(t) + C_2'(t)x_2'(t)) \\ & + a(C_1(t)x_1'(t) + C_2(t)x_2'(t)) + b(C_1(t)x_1(t) + C_2(t)x_2(t)) \end{aligned}$$

$$= C_1(x_1''(t) + ax_1'(t) + bx_1(t)) \ (= 0)$$
$$+ C_2(x_2''(t) + ax_2'(t) + bx_2(t)) \ (= 0)$$
$$+ C_1'(t)x_1'(t) + C_2'(t)x_2'(t) = R(t)$$

ゆえに，次が必要である．
$$C_1'(t)x_1'(t) + C_2'(t)x_2'(t) = R(t) \tag{8.8}$$

(8.6) と (8.8) を連立させると
$$\begin{cases} x_1(t)C_1'(t) + x_2(t)C_2'(t) = 0 \\ x_1'(t)C_1'(t) + x_2'(t)C_2'(t) = R \end{cases} \tag{8.9}$$

これを解くと，定理 8.2.1 より $x_1 x_2' - x_2 x_1' \neq 0$ が分かるので
$$\begin{cases} C_1' = \dfrac{-x_2 R}{x_1 x_2' - x_1' x_2} \\ C_2' = \dfrac{x_1 R}{x_1 x_2' - x_1' x_2} \end{cases} \tag{8.10}$$

(8.10) を積分すれば C_1, C_2 を得る．(8.1) を満たす関数を 1 つ見つければよいので，簡単のため積分定数を 0 としてよい．こうして得られた C_1, C_2 を $x = C_1 x_1 + C_2 x_2$ に代入すれば，次の特殊解を得る．

$$\begin{aligned} x(t) = & x_1(t) \int^t \frac{-x_2(s)R(s)}{x_1(s)x_2'(s) - x_1'(s)x_2(s)} ds \\ & + x_2(t) \int^t \frac{x_1(s)R(s)}{x_1(s)x_2'(s) - x_1'(s)x_2(s)} ds \end{aligned} \tag{8.11} \qquad \square$$

注意 8.2.1 ここで積分定数は，積分の下端に含まれていると見ることができる．積分定数を取り換えると，同次方程式の解を取り換えた解が得られる．

定義 8.2.1 上で (8.10) の分母に現れた式を
$$W(x_1, x_2) = x_1 x_2' - x_1' x_2 \tag{8.12}$$

と書き，2 つの関数 x_1, x_2 のロンスキー行列式 (Wronskian) という．これは，連立方程式 (8.9) の係数行列の行列式に他ならない．

8.2 特殊解の求め方

定理 8.2.1 x_1, x_2 を (8.2) の解, $W = W(x_1, x_2)$ をロンスキー行列式とする.

(1) $W' + aW = 0$.
(2) ある $t = t_0$ で $W = 0$ ならば, x_1 と x_2 は 1 次従属である.

[対偶をとれば, x_1 と x_2 が 1 次独立ならば, すべての t で $W \neq 0$ である.]

証明 (1) は計算により容易である. (2) のみ示す.

(1) より $W(t) = W(t_0) e^{-a(t-t_0)}$ であるから,

ある t_0 で $W(t_0) = 0$ ならば, すべての t で $W(t) = 0$

$$\therefore \quad x_1(t) x_2'(t) - x_1'(t) x_2(t) \equiv 0 \quad (\text{恒等的に } 0) \tag{8.13}$$

もし x_1 または x_2 が恒等的に 0 とすれば, x_1 と x_2 は 1 次従属である.

そこで, ある点 t_0 で $x_1(t_0) \neq 0$ または $x_2(t_0) \neq 0$ となる場合を考えれば十分である. $x_1(t_0) \neq 0$ としよう. 解 x_1 は連続であるから点 t_0 を含むある開区間で $x_1 \neq 0$ である. この開区間の点 t で

$$\frac{x_2(t)}{x_1(t)} = C(t) \tag{8.14}$$

とおく. すると

$$x_2(t) = C(t) x_1(t) \quad \therefore \quad x_2'(t) = C'(t) x_1(t) + C(t) x_1'(t) \tag{8.15}$$

一方, (8.13) と (8.14) より

$$x_2'(t) = \frac{x_2(t)}{x_1(t)} x_1'(t) = C(t) x_1'(t) \tag{8.16}$$

(8.16) を (8.15) の右辺に代入すると,

$$C'(t) x_1(t) = 0$$

$$\therefore \quad x_1(t) \neq 0 \quad \text{より}, \quad C'(t) = 0$$

よって $C(t)$ は定数 C になる. ゆえに $x_2(t) = C x_1(t)$ がこのような (=どこかで $x_1 \neq 0$ となる) 区間の点 t で成り立ち, x_1 と x_2 は 1 次従属である. □

問題 8.2.1 (1) 定理 8.2.1 の (1) を示せ.

(2) 定理 8.2.1 の証明で,「ある点 t_0 で $x_1(t_0) \neq 0$ なら, 点 t_0 を含むある開区間で $x_1 \neq 0$」としたが, なぜこれが必要か?

例 8.2.1 次の微分方程式の特殊解を定数変化法を用いて求めてみる.

$$x'' - 3x' + 2x = \frac{3}{4} + \frac{t}{2}$$

解 対応する同次方程式

$$x'' - 3x' + 2x = 0$$

の基本解を $x(t) = e^t, e^{2t}$ と選ぶことができる.

$$x(t) = C_1(t)e^t + C_2(t)e^{2t} \tag{8.17}$$

なる形の解を求めてみる. これが特殊解になるためには, (8.6) と (8.8) より

$$\begin{cases} C_1'e^t + C_2'e^{2t} = 0 \\ C_1'e^t + 2C_2'e^{2t} = \dfrac{3}{4} + \dfrac{t}{2} \end{cases}$$

が成り立てばよい. これを解くと,

$$\begin{cases} C_1' = -\left(\dfrac{3}{4} + \dfrac{t}{2}\right)e^{-t} \\ C_2' = \left(\dfrac{3}{4} + \dfrac{t}{2}\right)e^{-2t} \end{cases} \tag{8.18}$$

(8.18) を積分して

$$\begin{cases} C_1 = \left(\dfrac{5}{4} + \dfrac{t}{2}\right)e^{-t} \\ C_2 = -\left(\dfrac{1}{2} + \dfrac{t}{4}\right)e^{-2t} \end{cases} \tag{8.19}$$

ここで特殊解を見つければよいので, 積分定数は簡単のため 0 とした.

$$\therefore \quad x(t) = C_1(t)e^t + C_2(t)e^{2t}$$
$$= \left(\frac{5}{4} + \frac{t}{2}\right) - \left(\frac{1}{2} + \frac{t}{4}\right) = \frac{3}{4} + \frac{t}{4} \qquad \square$$

問題 8.2.2 次の方程式の特殊解を 1 つ求めよ.

(1) $x'' - 3x' + 2x = e^t$ (2) $x'' - 3x' + 2x = \cos t$

8.3 演算子法入門*

微分作用素を $\dfrac{d}{dt} = D_t$ と書くと，定数係数の方程式 (8.1) は，

$$(D_t - \alpha)(D_t - \beta)x = R \quad (\alpha,\ \beta \text{ は特性方程式の解}) \tag{8.20}$$

と書ける．作用素の逆数 $(D_t - \alpha)^{-1}$ のようなものが考えられれば，解 $x(t)$ は

$$x = \dfrac{1}{(D_t - \alpha)(D_t - \beta)} R$$

により求まるであろう．演算子法と呼ばれるこの方法を簡単に紹介する．

例 8.3.1 演算子法は「逆演算ができたとすればどうあるべきか」を形式的に考えるものである．まず，x が $|x| < 1$ のときの公式

$$\dfrac{1}{1-x} = 1 + x + x^2 + \cdots \tag{8.21}$$

が微分作用素についても形式的に成り立つと考えて計算できる例を示す．

(1) $\alpha, \gamma \neq 0$ とし，$(D_t - \alpha)x(t) = e^{\gamma t}$ を解く．$D_t e^{\gamma t} = \gamma e^{\gamma t}$ を使うと

$$\begin{aligned}
x(t) &= \dfrac{1}{D_t - \alpha} e^{\gamma t} = \dfrac{-1}{\alpha} \dfrac{1}{1 - D_t/\alpha} e^{\gamma t} \\
&= \dfrac{-1}{\alpha}\left(1 + \dfrac{D_t}{\alpha} + \left(\dfrac{D_t}{\alpha}\right)^2 + \cdots\right) e^{\gamma t} = \dfrac{-1}{\alpha}\left(1 + \dfrac{\gamma}{\alpha} + \left(\dfrac{\gamma}{\alpha}\right)^2 + \cdots\right) e^{\gamma t} \\
&= \dfrac{-1}{\alpha} \dfrac{1}{1 - \gamma/\alpha} e^{\gamma t} = \dfrac{e^{\gamma t}}{\gamma - \alpha}
\end{aligned} \tag{8.22}$$

((8.21) の x に D_t/α を代入した)

と計算でき，特殊解 $x(t) = \dfrac{e^{\gamma t}}{\gamma - \alpha}$ が得られた．検算も形式的にできる：

$$\begin{aligned}
(D_t - \alpha)x(t) &= (D_t - \alpha)\left(\dfrac{-1}{\alpha}\left(1 + \dfrac{D_t}{\alpha} + \left(\dfrac{D_t}{\alpha}\right)^2 + \cdots\right) e^{\gamma t}\right) \\
&= \left(1 - \dfrac{D_t}{\alpha}\right)\left(1 + \dfrac{D_t}{\alpha} + \left(\dfrac{D_t}{\alpha}\right)^2 + \cdots\right) e^{\gamma t} = e^{\gamma t}
\end{aligned}$$

(2) α, β は γ と異なるとし，$(D_t - \alpha)(D_t - \beta)x(t) = e^{\gamma t}$ を解く．(1) より

$$x(t) = \frac{1}{D_t - \beta}\frac{1}{D_t - \alpha}(e^{\gamma t}) \stackrel{(1)}{=} \frac{1}{D_t - \beta}\left(\frac{1}{\gamma - \alpha}e^{\gamma t}\right)$$
$$= \frac{1}{\gamma - \alpha}\left(\frac{1}{D_t - \beta}e^{\gamma t}\right) \stackrel{(1)}{=} \frac{1}{\gamma - \alpha}\frac{1}{\gamma - \beta}e^{\gamma t} \qquad (8.23)$$

なお $\alpha \neq \beta$ ならば，形式的に D_t を文字として扱えば

$$\frac{1}{(D_t - \alpha)(D_t - \beta)} = \frac{1}{\alpha - \beta}\left(\frac{1}{D_t - \alpha} - \frac{1}{D_t - \beta}\right)$$

であるので，これに (1) を用いても同じ結果が得られる．

(3) (1) で $\gamma \to \alpha$ のとき．(8.22) は収束しないが，$(D_t - \alpha)e^{\alpha t} = 0$ より

$$(D_t - \alpha)\frac{e^{\gamma t} - e^{\alpha t}}{\gamma - \alpha} = e^{\gamma t} - 0 = e^{\gamma t}$$

であるので，$x(t) = \dfrac{e^{\gamma t} - e^{\alpha t}}{\gamma - \alpha} \stackrel{\gamma \to \alpha}{\longrightarrow} te^{\alpha t}$ として特殊解が得られる． □

注意 8.3.1 (1) 改めて，最も簡単な場合を考えよう．$R = R(t)$ に対し

$$D_t x = R \quad \text{すなわち} \quad x' = R$$

の解を，$x = D_t^{-1} R$ のように書くと，もちろん $x(t) = \int^t R(s)ds$ である．すなわち，逆演算 D_t^{-1} は不定積分であるといってよい．ただし

$$\begin{cases} \int^t D_s R(s)ds = \int^t R'(s)ds = R(t) + C & (C \text{ は定数}), \\ D_t \int^t R(s)ds = R(t) \end{cases}$$

のように，微分と積分の順序を逆にした場合の結果は積分定数だけ異なる．つまり逆演算という意味は，積分定数の差を除いてのことである．

このように，$D_t^{-1}R$ や $\frac{1}{D_t}R$ は実際には $D_t x = R$ の解を求める積分操作を表すことになるから，$x = D_t^{-1}R$ を RD_t^{-1} や $\frac{R}{D_t}$ などと書いてはいけない．

(2) 定数の違いは，$D_t x = 0$ を解けば当然現れる．同様に，$(D_t - \alpha)x = R$ の場合も，$x = \frac{1}{D_t - \alpha}R$ は，対応する同次形方程式 $(D_t - \alpha)x = 0$ の解 $Ce^{\alpha t}$ だけ決まらない．$(D_t - \alpha)(D_t - \beta)x = R$ ($\alpha \neq \beta$ とする) のときも，逆演算の結果

$$x = \frac{1}{(D_t - \alpha)(D_t - \beta)}R$$

は，$Ae^{\alpha t} + Be^{\beta t}$ (A, B は定数) だけ決まらない．

例 8.3.2 $R(t)$ が多項式や三角関数の場合も,例 8.3.1 の考え方を適用できる.

(1) 多項式の例. $(D_t - \alpha)x = t^m$ (m は自然数) とすれば,

$$\begin{aligned} x &= \frac{1}{-\alpha}\left(1 + \frac{D_t}{\alpha} + \left(\frac{D_t}{\alpha}\right)^2 + \cdots\right)t^m \\ &= \frac{1}{-\alpha}\left(1 + \frac{m}{\alpha}t^{m-1} + \frac{m(m-1)}{\alpha^2}t^{m-2} + \cdots + \frac{m!}{\alpha^m}\right) \end{aligned}$$

$(D_t - \alpha)(D_t - \beta)x = t^m$ の場合も,これを繰り返せばよい.

(2) 三角関数の例. $(D_t - \alpha)x = \cos t$ ($\alpha \neq \pm i$) のとき,$\cos t = \frac{e^{it} + e^{-it}}{2}$ であるので,

$$(D_t - \alpha)x_+ = e^{it}, \qquad (D_t - \alpha)x_- = e^{-it} \tag{8.24}$$

を考える.これらは例 8.3.1 のように解けて,$x = \frac{x_+ + x_-}{2}$ となる.

2 階の方程式の場合 (問題 8.1.2) は,やはりこの操作を繰り返せばよい.

注意 8.3.2

$$(D_t - \alpha)x = R \iff D_t(e^{-\alpha t}x) = e^{-\alpha t}R \tag{8.25}$$

である.したがって

$$x = \frac{1}{D_t - \alpha}R \iff e^{-\alpha t}x = D_t^{-1}(e^{-\alpha t}R)\left[= \int^t e^{-\alpha s}R(s)ds\right]$$

である.これにより,例えば

$$(D_t - \alpha)x = e^{\alpha t}t^2 \implies x = e^{\alpha t}\frac{1}{D_t}(t^2) = e^{\alpha t}\frac{t^3}{3}$$

のように計算ができる. □

以上のように,$R(t)$ が多項式,指数関数,三角関数などである場合は,特殊解 $x(t)$ の形もおおむね同じ種類の関数で得られることが分かる.よって $x(t)$ を,式の形を推定し係数を定める方法で求めることもできる (章末問題 8.1).

問題 8.3.1 (1) 問題 8.2.2 を,演算子法を用いてそれぞれ解いてみよ.

(2) LCR 回路の方程式 (1.7) において,$E(t) = E_0 \cos \omega t$ の場合

$$L\frac{d^2Q}{dt^2}(t) + R\frac{dQ}{dt}(t) + \frac{Q(t)}{C} = E_0 \cos \omega t \tag{8.26}$$

を演算子法で解き,解が (1.8) で与えられることを示せ.[ヒント:例 8.3.2(2)]

章末問題 8

8.1 $x = x(t)$ の次の微分方程式の特殊解を，[ ] 内の形で求めよ．

(1) $x'' - 4x' + 4x = 3t^2 + 1 \quad [At^2 + Bt + C]$

(2) $x'' - 7x' + 12x = \sin t \sin 2t \quad [(A\sin t + B\cos t) + (C\sin 3t + D\cos 3t)]$

(3) $x'' + x = (t^2+1)e^t \quad [(At^2 + Bt + C)e^t]$

(4) $x'' - 4x' + 5x = e^t \cos t \quad [e^t(A\cos t + B\sin t)]$

8.2 次の微分方程式の一般解を求めよ．

(1) $x'' - 5x' + 6x = 2\sin t \cos 2t$

(2) $x'' - 3x' + 2x = e^t \cos t$

(3) $x'' - 4x' + 4x = t^2 + 3$

(4) $x'' + 4x = \sin t - \cos 2t$

8.3 a, b, c は定数 $(b \cdot c \neq 0)$，m は自然数とする．微分方程式
$$x''(t) + ax'(t) + bx(t) = ct^m \tag{8.27}$$
の特性方程式の実数解 α と β は $\alpha \neq \beta$ を満たすとする．このとき，$x(t) = \sum_{j=0}^{m} x_j t^j$ の形の (8.27) の特殊解を以下の方法で求めよ．

(1) 次を確かめよ．
$$x'(t) = \sum_{j=0}^{m-1}(j+1)x_{j+1}t^j, \quad x''(t) = \sum_{j=0}^{m-2}(j+2)(j+1)x_{j+2}t^j$$

(2) x, x', x'' を (8.27) に代入し，次を示せ．
$$bx_m t^m + (amx_m + bx_{m-1})t^{m-1} \tag{8.28}$$
$$+ \sum_{j=0}^{m-2}\Big((j+2)(j+1)x_{j+2} + a(j+1)x_{j+1} + bx_j\Big)t^j = ct^m$$

(3) (8.28) より $\{x_j\}$ $(j = 0, \ldots, m)$ が求まることを示せ．

[注：例 8.3.2(1) のように考えることもできる．]

8.4* (1) $a = a(t), b = b(t)$ であるとき，次を示せ．
$$D_t^2 + aD_t + b = (D_t - f)(D_t - g) \iff f + g = -a, \ fg - g' = b$$

(2) $f = f(t)$ であるとき，$s = \int^t f\,dt$ と変数変換することで次を示せ．
$$(D_t - f)x = R \iff (D_s - 1)x = f^{-1}R \iff x = e^s D_s^{-1}\left(e^{-s}\frac{R}{f}\right)$$

Chapter 9

行列の指数関数 (1)・定義と性質

単独の微分方程式 $x' = ax$ (a は定数) の解は, $x(t) = Ce^{at}$ と書けた. 連立の線形微分方程式の場合も, 行列の指数関数で解を表すことができる.

9.1 行列で表した連立線形微分方程式

第 7 章と第 8 章では, 定係数 2 階線形微分方程式を考えた. これは行列の形でも表すことができる:

$$x'' + ax' + bx = f(t) \tag{9.1}$$

$$\iff \frac{d}{dt}\begin{bmatrix} x \\ x' \end{bmatrix} = \begin{bmatrix} 0 & 1 \\ -b & -a \end{bmatrix}\begin{bmatrix} x \\ x' \end{bmatrix} + \begin{bmatrix} 0 \\ f(t) \end{bmatrix}$$

一般に $A = \begin{bmatrix} a & b \\ c & d \end{bmatrix}$, $\mathbf{f} = \begin{bmatrix} f_1(t) \\ f_2(t) \end{bmatrix}$ とし, $\mathbf{x} = \begin{bmatrix} x(t) \\ y(t) \end{bmatrix}$ の微分方程式

$$\frac{d\mathbf{x}}{dt} = A\mathbf{x} + \mathbf{f} \tag{9.2}$$

を考えることができる. すなわち, 次の連立 1 階の微分方程式である.

$$\begin{cases} x'(t) = ax(t) + by(t) + f_1(t) \\ y'(t) = cx(t) + dy(t) + f_2(t) \end{cases} \tag{9.3}$$

以下では a, b, c, d は実定数とし, また主に $\mathbf{f} = 0$ のときを考える:

$$\frac{d\mathbf{x}}{dt} = A\mathbf{x} \tag{9.4}$$

例 9.1.1 平面の点 $\begin{bmatrix} x_0 \\ y_0 \end{bmatrix}$ を, 原点を中心に角度 t だけ回転して得られる点は

$$\begin{bmatrix} x(t) \\ y(t) \end{bmatrix} = \begin{bmatrix} \cos t & -\sin t \\ \sin t & \cos t \end{bmatrix}\begin{bmatrix} x_0 \\ y_0 \end{bmatrix} \tag{9.5}$$

で与えられる．よって

$$\frac{d}{dt}\begin{bmatrix} x(t) \\ y(t) \end{bmatrix} = \begin{bmatrix} (\cos t \cdot x_0 - \sin t \cdot y_0)' \\ (\sin t \cdot x_0 + \cos t \cdot y_0)' \end{bmatrix} = \begin{bmatrix} -\sin t \cdot x_0 - \cos t \cdot y_0 \\ \cos t \cdot x_0 - \sin t \cdot y_0 \end{bmatrix}$$

$$= \begin{bmatrix} -y(t) \\ x(t) \end{bmatrix} = \begin{bmatrix} 0 & -1 \\ 1 & 0 \end{bmatrix} \begin{bmatrix} x(t) \\ y(t) \end{bmatrix} \tag{9.6}$$

これは，(9.4) で $A = \begin{bmatrix} 0 & -1 \\ 1 & 0 \end{bmatrix}$ の場合である．

9.2 行列の指数関数

行列の指数関数 (matrix exponential) e^{tA} は，次で定義される．

定義 9.2.1 実数 t と定数の正方行列 A に対し，行列 e^{tA} を

$$\begin{aligned} e^{tA} &= E + tA + \frac{t^2}{2}A^2 + \frac{t^3}{3!}A^3 + \cdots + \frac{t^n}{n!}A^n + \cdots \\ &= E + \sum_{n=1}^{\infty} \frac{t^n}{n!} A^n \end{aligned} \tag{9.7}$$

(E は単位行列) とおく．これは，指数関数のテイラー展開

$$e^x = 1 + x + \frac{x^2}{2!} + \frac{x^3}{3!} + \cdots \tag{9.8}$$

の文字 x に，行列 tA を形式的に代入したものである．

注意 9.2.1 一般に e^{tA} の各成分は，任意の t に対して絶対収束する (これは付録 B で示される)．そこで e^{tA} の微積分も項別に行ってよい．

定理 9.2.1 (1) $\dfrac{de^{tA}}{dt} = Ae^{tA} = e^{tA}A$ が成り立つ．
(2) $\mathbf{x}(t) = e^{tA}\mathbf{x}(0)$ とおくと，$\mathbf{x}(t)$ は (9.4) を満たす．

証明 (1) $\dfrac{de^{tA}}{dt} = \dfrac{d}{dt}\left(E + tA + \dfrac{t^2}{2}A^2 + \dfrac{t^3}{3!}A^3 + \cdots \right)$

$\stackrel{(*)}{=} O + A + tA^2 + \dfrac{t^2}{2!}A^3 + \cdots$

$$= A\left(E + tA + \frac{t^2}{2!}A^2 + \cdots\right) = Ae^{tA} = e^{tA}A$$

ここで $(*)$ では，絶対収束するので項別微分できること (付録B) を用いた.

(2) $\dfrac{d}{dt}(e^{tA}\mathbf{x}(0)) = \dfrac{de^{tA}}{dt}\mathbf{x}(0) = Ae^{tA}\mathbf{x}(0) = A\mathbf{x}(t)$ □

例 9.2.1 (行列の指数関数の基本的な例) λ, μ を実数とする.

$$D = \begin{bmatrix} \lambda & 0 \\ 0 & \mu \end{bmatrix}, \quad J = \begin{bmatrix} 0 & 1 \\ -1 & 0 \end{bmatrix}, \quad N = \begin{bmatrix} 0 & 1 \\ 0 & 0 \end{bmatrix} \tag{9.9}$$

とする. D は対角 (diagonal), J は虚数単位 i の類似 ($J^2 = -E$), N はべき零 ($N^2 = O$, nilpotent) の意味である. 次が成り立つ.

$$e^{tD} = \begin{bmatrix} e^{\lambda t} & 0 \\ 0 & e^{\mu t} \end{bmatrix}, \quad e^{tJ} = \begin{bmatrix} \cos t & \sin t \\ -\sin t & \cos t \end{bmatrix}, \quad e^{tN} = \begin{bmatrix} 1 & t \\ 0 & 1 \end{bmatrix}$$

これらは次のように確かめられる.

<u>e^{tD} の計算</u> $D^2 = \begin{bmatrix} \lambda & 0 \\ 0 & \mu \end{bmatrix}\begin{bmatrix} \lambda & 0 \\ 0 & \mu \end{bmatrix} = \begin{bmatrix} \lambda^2 & 0 \\ 0 & \mu^2 \end{bmatrix}$,

$$D^3 = D^2 D = \begin{bmatrix} \lambda^2 & 0 \\ 0 & \mu^2 \end{bmatrix}\begin{bmatrix} \lambda & 0 \\ 0 & \mu \end{bmatrix} = \begin{bmatrix} \lambda^3 & 0 \\ 0 & \mu^3 \end{bmatrix}, \cdots$$

帰納的に $D^n = \begin{bmatrix} \lambda^n & 0 \\ 0 & \mu^n \end{bmatrix}$ $(n = 1, 2, 3, \ldots)$ となる. したがって

$$e^{tD} = \begin{bmatrix} 1 & 0 \\ 0 & 1 \end{bmatrix} + t\begin{bmatrix} \lambda & 0 \\ 0 & \mu \end{bmatrix} + \frac{t^2}{2}\begin{bmatrix} \lambda^2 & 0 \\ 0 & \mu^2 \end{bmatrix} + \cdots$$

$$= \begin{bmatrix} 1 + t\lambda + \frac{t^2}{2}\lambda^2 + \cdots & 0 \\ 0 & 1 + t\mu + \frac{t^2}{2}\mu^2 + \cdots \end{bmatrix} = \begin{bmatrix} e^{t\lambda} & 0 \\ 0 & e^{t\mu} \end{bmatrix} \tag{9.10}$$

<u>e^{tJ} の計算</u> $J^2 = -E, J^3 = -J, J^4 = E$ である. よって帰納的に

$$J^{4k+1} = J, \quad J^{4k+2} = -E, \quad J^{4k+3} = -J, \quad J^{4k} = E \quad (k = 0, 1, 2, \ldots)$$

したがって

$$\begin{aligned}
e^{tJ} &= E + \frac{t}{1!}J - \frac{t^2}{2!}E - \frac{t^3}{3!}J \\
&\quad + \frac{t^4}{4!}E + \frac{t^5}{5!}J - \frac{t^6}{6!}E - \frac{t^7}{7!}J + \cdots \\
&\quad + \frac{t^{4k}}{(4k)!}E + \frac{t^{4k+1}}{(4k+1)!}J - \frac{t^{4k+2}}{(4k+2)!}E - \frac{t^{4k+3}}{(4k+3)!}J + \cdots \\
&= \left(1 - \frac{t^2}{2!} + \frac{t^4}{4!} - \frac{t^6}{6!} + \cdots + \frac{(-1)^l t^{2l}}{(2l)!} + \cdots \right) E \\
&\quad + \left(t - \frac{t^3}{3!} + \frac{t^5}{5!} + \cdots + \frac{(-1)^l t^{2l+1}}{(2l+1)!} + \cdots \right) J \\
&= (\cos t)E + (\sin t)J \quad (\text{ここで，} l = 2k \text{ とおいた}) \tag{9.11}
\end{aligned}$$

すなわち，$e^{tJ} = \begin{bmatrix} \cos t & \sin t \\ -\sin t & \cos t \end{bmatrix}$ である。 □

問題 9.2.1 例 9.2.1 の e^{tN} を計算せよ．

9.3 基本的性質

定理 9.3.1 (e^A の基本的性質) A, B は同じサイズの正方行列とする．
(1) B が逆行列を持つとき，$Be^A B^{-1} = e^{BAB^{-1}}$
(2) $AB = BA$ のとき，$e^A e^B = e^{A+B} = e^B e^A$
(3) e^{tA} は逆行列を持ち，$(e^{tA})^{-1} = e^{-tA}$ である．

証明 (1) $(BAB^{-1})^2 = BA^2 B^{-1}, (BAB^{-1})^3 = BA^3 B^{-1}, \cdots$ より
$$\begin{aligned}
Be^A B^{-1} &= BEB^{-1} + BAB^{-1} + B\frac{A^2}{2!}B^{-1} + B\frac{A^3}{3!}B^{-1} + \cdots \\
&= E + BAB^{-1} + \frac{(BAB^{-1})^2}{2!} + \frac{(BAB^{-1})^3}{3!} + \cdots = e^{BAB^{-1}}
\end{aligned}$$

(2) $AB = BA$ より，$(A+B)^2 = A^2 + AB + BA + B^2 = A^2 + 2AB + B^2$ であり，一般に 2 項定理が成り立つ．
$$(A+B)^n = \sum_{k=0}^{n} {}_n C_k A^k B^{n-k} \quad \left({}_n C_k = \frac{n!}{k!(n-k)!}\right)$$

そこで

$$e^A e^B = \left(\sum_{k=0}^{\infty} \frac{1}{k!} A^k\right)\left(\sum_{l=0}^{\infty} \frac{1}{l!} B^l\right) = \sum_{k=0}^{\infty} \sum_{l=0}^{\infty} \frac{1}{k!} \frac{1}{l!} A^k B^l$$

において $k+l=n$ と変数を取り直すと (図 9.1),2 項定理より

$$= \sum_{n=0}^{\infty} \sum_{k=0}^{n} \frac{1}{k!(n-k)!} A^k B^{n-k} = \sum_{n=0}^{\infty} \frac{1}{n!} \sum_{k=0}^{n} \frac{n!}{k!(n-k)!} A^k B^{n-k}$$

$$= \sum_{n=0}^{\infty} \frac{1}{n!} (A+B)^n = e^{A+B}$$

$A+B = B+A$ だから,これは $e^{B+A} = e^B e^A$ とも等しい.

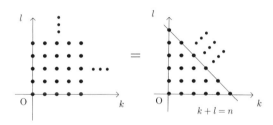

図 **9.1** 定理 9.3.1(2) の証明

(3) (2) より,$e^A e^{-A} = e^O = e^{-A} e^A$ である.$e^O = E$ だから,これは e^A と e^{-A} がたがいに逆行列という式である. □

以上の計算では,絶対収束する無限和は項を自由に入れ換えてよいことを使った.

問題 9.3.1 α, β を実数とする.

$$B = \begin{bmatrix} \alpha & -\beta \\ \beta & \alpha \end{bmatrix}, \quad C = \begin{bmatrix} \lambda & 1 \\ 0 & \lambda \end{bmatrix} \tag{9.12}$$

とするとき,例 9.2.1 と定理 9.3.1 により次を確かめよ.

(1) $e^{tB} = e^{\alpha t} \begin{bmatrix} \cos\beta t & -\sin\beta t \\ \sin\beta t & \cos\beta t \end{bmatrix}$ (2) $e^{tC} = e^{\lambda t} \begin{bmatrix} 1 & t \\ 0 & 1 \end{bmatrix}$

9.4 行列とベクトルの微積分*

ここで,行列とベクトルの微積分についてまとめておく.

一般に,値が行列である関数 (行列値関数という) $A(t) = \begin{bmatrix} a_{11}(t) & a_{12}(t) \\ a_{21}(t) & a_{22}(t) \end{bmatrix}$ に対して,$t \to t_0$ ですべての成分が極限をもてば,それらを並べ $A(t)$ の極限

$$\lim_{t \to t_0} A(t) = \begin{bmatrix} \lim_{t \to t_0} a_{11}(t) & \lim_{t \to t_0} a_{12}(t) \\ \lim_{t \to t_0} a_{21}(t) & \lim_{t \to t_0} a_{22}(t) \end{bmatrix}$$

を定義する.そして $A(t)$ の微分を,極限が存在すれば

$$\frac{dA(t)}{dt} = \lim_{h \to 0} \frac{1}{h}(A(t+h) - A(t)) \tag{9.13}$$

として定める.極限は成分ごとに考えるから,この右辺は

$$\lim_{h \to 0} \frac{1}{h} \begin{bmatrix} a_{11}(t+h) - a_{11}(t) & a_{12}(t+h) - a_{12}(t) \\ a_{21}(t+h) - a_{21}(t) & a_{22}(t+h) - a_{22}(t) \end{bmatrix} = \begin{bmatrix} a'_{11}(t) & a'_{12}(t) \\ a'_{21}(t) & a'_{22}(t) \end{bmatrix}$$

となり,成分ごとに微分するといっても同じである.$A(t)$ のすべての成分が C^n 級関数のとき,$A(t)$ を C^n 級という (n は自然数).

補題 9.4.1 $A(t)$ と $B(t)$ を 2 次の C^1 級行列値関数,$\mathbf{x}(t) = \begin{bmatrix} x(t) \\ y(t) \end{bmatrix}$ を C^1 級ベクトル値関数,$f(t)$ を C^1 級関数とするとき,次が成り立つ.

(1) $\quad \dfrac{d}{dt}(fA)(t) = \dfrac{df}{dt}(t)A(t) + f(t)\dfrac{dA}{dt}(t)$

(2) $\quad \dfrac{d}{dt}(A\mathbf{x})(t) = \dfrac{d}{dt}A(t)\mathbf{x}(t) + A(t)\dfrac{d}{dt}\mathbf{x}(t)$

(3) $\quad \dfrac{d}{dt}(AB)(t) = \dfrac{dA}{dt}(t)B(t) + A(t)\dfrac{dB}{dt}(t)$

証明 $A = \begin{bmatrix} a_{11} & a_{12} \\ a_{21} & a_{22} \end{bmatrix}$, $B = \begin{bmatrix} b_{11} & b_{12} \\ b_{21} & b_{22} \end{bmatrix}$ とする.

(1) の証明

$$\frac{d}{dt}(fA) = \frac{d}{dt} \begin{bmatrix} fa_{11} & fa_{12} \\ fa_{21} & fa_{22} \end{bmatrix} = \begin{bmatrix} f'a_{11} + fa'_{11} & f'a_{12} + fa'_{12} \\ f'a_{21} + fa'_{21} & f'a_{22} + fa'_{22} \end{bmatrix}$$

$$= f'\begin{bmatrix} a_{11} & a_{12} \\ a_{21} & a_{22} \end{bmatrix} + f\begin{bmatrix} a'_{11} & a'_{12} \\ a'_{21} & a'_{22} \end{bmatrix}$$

<u>(3) の証明</u>

$$AB = \begin{bmatrix} a_{11}b_{11} + a_{12}b_{21} & a_{11}b_{12} + a_{12}b_{22} \\ a_{21}b_{11} + a_{22}b_{21} & a_{21}b_{12} + a_{22}b_{22} \end{bmatrix} = \begin{bmatrix} \sum_{i=1}^{2} a_{1i}b_{i1} & \sum_{i=1}^{2} a_{1i}b_{i2} \\ \sum_{i=1}^{2} a_{2i}b_{i1} & \sum_{i=1}^{2} a_{2i}b_{i2} \end{bmatrix}$$

である．これを微分すれば

$$\begin{aligned} \frac{d}{dt}(AB) &= \frac{d}{dt}\begin{bmatrix} \sum_{i=1}^{2} a_{1i}b_{i1} & \sum_{i=1}^{2} a_{1i}b_{i2} \\ \sum_{i=1}^{2} a_{2i}b_{i1} & \sum_{i=1}^{2} a_{2i}b_{i2} \end{bmatrix} \\ &= \begin{bmatrix} \sum_{i=1}^{2}(a'_{1i}b_{i1} + a_{1i}b'_{i1}) & \sum_{i=1}^{2}(a'_{1i}b_{i2} + a_{1i}b'_{i2}) \\ \sum_{i=1}^{2}(a'_{2i}b_{i1} + a_{2i}b'_{i1}) & \sum_{i=1}^{2}(a'_{2i}b_{i2} + a_{2i}b'_{i2}) \end{bmatrix} \\ &= \frac{dA}{dt}B + A\frac{dB}{dt} \end{aligned}$$

となり，確かめられた．(2) の証明も同様である． □

問題 9.4.1 (2) を示してみよ．

章末問題 9

9.1 α は実数とし, $A = \begin{bmatrix} 1 & \alpha \\ 0 & 1 \end{bmatrix}$, $B = \begin{bmatrix} 1 & 0 \\ -\alpha & 1 \end{bmatrix}$ とする. e^{A+B}, $e^A e^B$, $e^B e^A$ を比較せよ.

9.2 (コリオリの力) $\mathbf{q}, \mathbf{p}$ は平面の定ベクトルとする. 平面の等速直線運動 $\mathbf{x}(t) = \begin{bmatrix} x(t) \\ y(t) \end{bmatrix} = \mathbf{q} + t\mathbf{p}$ を, 回転する座標系 $\mathbf{X}(t) = \begin{bmatrix} X(t) \\ Y(t) \end{bmatrix} = R(t) \begin{bmatrix} x \\ y \end{bmatrix}$ で見る. ここで $R(t) = \begin{bmatrix} \cos t & -\sin t \\ \sin t & \cos t \end{bmatrix}$ である. このとき, $\mathbf{X}(t)$ が満たす 2 階の微分方程式を求めよ. [ヒント: $\frac{d^2}{dt^2}\mathbf{x} = 0$ である.]

9.3 平面の, 直線 $y = (\tan t)x$ に関する折り返しは 1 次変換であり, 行列
$$F(t) = \begin{bmatrix} \cos 2t & \sin 2t \\ \sin 2t & -\cos 2t \end{bmatrix}$$
倍で表される. 定点 $\mathbf{x}_0 = \begin{bmatrix} x_0 \\ y_0 \end{bmatrix}$ を折り返した点, $\mathbf{x}(t) = \begin{bmatrix} x(t) \\ y(t) \end{bmatrix} = F(t)\mathbf{x}_0$ が満たす, t についての微分方程式を求めよ. また, $\mathbf{x}$ の軌跡を求めよ.

Chapter 10
行列の指数関数 (2)・対角化による計算

正方行列 A は $A \to BAB^{-1}$ という変換で対角行列あるいはジョルダン標準形にできた. 定理 9.3.1(1) の結果 $Be^A B^{-1} = e^{BAB^{-1}}$ とあわせることで, e^A を具体的に計算できる.

10.1 対角化の復習

定義 10.1.1 (復習. 詳しくは長谷川[15, p.73] などを見よ.)
$A = \begin{bmatrix} a & b \\ c & d \end{bmatrix}$ の固有ベクトル (eigenvector) とは,

$$A\mathbf{v} = \lambda \mathbf{v}, \quad \mathbf{v} \neq \mathbf{0} \tag{10.1}$$

を満たすベクトル $\mathbf{v}$ であった. このとき, λ を A の (あるいは, $\mathbf{v}$ の) 固有値 (eigenvalue) という. $\mathbf{v}$ が A の固有ベクトルのとき, $k\mathbf{v}$ ($k \neq 0$) も同じ固有値の固有ベクトルであることに注意しよう.

固有値と固有ベクトルは対角化 (ジョルダン標準形化) の第一歩であった.
A の対角化　<u>Step 1</u>

$$(10.1) \iff (A - \lambda E)\mathbf{v} = \mathbf{0}, \quad \mathbf{v} \neq \mathbf{0}$$

である. $(A - \lambda E)^{-1}$ があれば, $(A - \lambda E)^{-1}(A - \lambda E)\mathbf{v} = \mathbf{0}$ より $\mathbf{v} = \mathbf{0}$ となってしまう. よって $\mathbf{v} \neq \mathbf{0}$ のためには

$$|A - \lambda E| = \begin{vmatrix} a-\lambda & b \\ c & d-\lambda \end{vmatrix} = \lambda^2 - (a+d)\lambda + (ad-bc) = 0 \tag{10.2}$$

でなくてはならない. これを A の固有方程式 (eigenequation) と呼ぶ.
<u>Step 2</u>　λ_+ と λ_- をこの解とすれば, $(A - \lambda_{\pm} E$ の階数$) < 2$ となるので,

$(A - \lambda_\pm E)\mathbf{v}_\pm = \mathbf{0}$ すなわち $A\mathbf{v}_\pm = \lambda_\pm \mathbf{v}_\pm$

は $\mathbf{0}$ でない解 $\mathbf{v}_\pm$ を持つ (複号同順). こうして固有ベクトルが求められる.

Step 3 固有ベクトルを並べて, 行列 $P = [\mathbf{v}_+, \mathbf{v}_-]$ を作れば

$$AP = A[\mathbf{v}_+, \mathbf{v}_-] = [A\mathbf{v}_+, A\mathbf{v}_-]$$

$$= [\lambda_+ \mathbf{v}_+, \lambda_- \mathbf{v}_-] = [\mathbf{v}_+, \mathbf{v}_-]\begin{bmatrix} \lambda_+ & 0 \\ 0 & \lambda_- \end{bmatrix} \quad (10.3)$$

となる. P^{-1} があれば, これに左から掛ければ A が対角化される.

$$P^{-1}AP = \begin{bmatrix} \lambda_+ & 0 \\ 0 & \lambda_- \end{bmatrix} \quad (10.4)$$

一般に $\lambda_+ \neq \lambda_-$ ならば, $\mathbf{v}_+$ と $\mathbf{v}_-$ は1次独立だから, それを並べた行列の階数は2である. したがって $|P| \neq 0$ であり P^{-1} が存在することが分かる.

例 **10.1.1** $A = \begin{bmatrix} 0 & 1 \\ -2 & 3 \end{bmatrix}$ のとき, $\begin{vmatrix} -\lambda & 1 \\ -2 & 3-\lambda \end{vmatrix} = \lambda^2 - 3\lambda + 2 = 0$ より,

A の固有値は $\lambda = 1, 2$ である. それぞれに対し固有ベクトルを求める.

・$\lambda = 1$ のとき, $(A - 1E)\mathbf{v}_1 = \begin{bmatrix} -1 & 1 \\ -2 & 2 \end{bmatrix}\mathbf{v}_1$ より, $\mathbf{v}_1 = k\begin{bmatrix} 1 \\ 1 \end{bmatrix}$ $(k \neq 0)$

・$\lambda = 2$ のとき, $(A - 2E)\mathbf{v}_2 = \begin{bmatrix} -2 & 1 \\ -2 & 1 \end{bmatrix}\mathbf{v}_2$ より, $\mathbf{v}_2 = l\begin{bmatrix} 1 \\ 2 \end{bmatrix}$ $(l \neq 0)$

以下簡単のため $k = l = 1$ にとり, $P = [\mathbf{v}_1, \mathbf{v}_2] = \begin{bmatrix} 1 & 1 \\ 1 & 2 \end{bmatrix}$ とおくと,

$$AP = [A\mathbf{v}_1, A\mathbf{v}_2] = [1\mathbf{v}_1, 2\mathbf{v}_2] = [\mathbf{v}_1, \mathbf{v}_2]\begin{bmatrix} 1 & 0 \\ 0 & 2 \end{bmatrix} = P\begin{bmatrix} 1 & 0 \\ 0 & 2 \end{bmatrix}$$

$|P| = 1 \neq 0$ より P^{-1} があるから, これを左から掛けて A が対角化される.

$$P^{-1}AP = \begin{bmatrix} 1 & 0 \\ 0 & 2 \end{bmatrix} \quad (10.5)$$

問題 **10.1.1** 固有値と固有ベクトルを求め, 対角化を与える P を求めよ.

(1) $A = \begin{bmatrix} 3 & 1 \\ 4 & 3 \end{bmatrix}$ (2) $B = \begin{bmatrix} 0 & -4 \\ 1 & 0 \end{bmatrix}$

10.2 2次行列の標準形のまとめ

定理 10.2.1 a, b, c, d を実数とする．2 次行列 $A = \begin{bmatrix} a & b \\ c & d \end{bmatrix}$ は，固有方程式 (10.2) の解 λ_+, λ_- によって次のように変形される．

(1) λ_+ と λ_- が異なる実数の場合．固有値 $\lambda_\pm$ の固有ベクトル $\mathbf{v}_\pm$ があり，$P = [\mathbf{v}_+, \mathbf{v}_-]$ とすると，この行列は逆行列を持ち

$$A = P \begin{bmatrix} \lambda_+ & 0 \\ 0 & \lambda_- \end{bmatrix} P^{-1} \tag{10.6}$$

(2) λ_+ と λ_- が複素数の場合 ($\lambda_\pm = \alpha \pm i\beta$ (α, β は実数) と書ける)．
固有値 $\lambda_\pm$ の固有ベクトルは $\mathbf{v}_\pm = \mathbf{p} \pm i\mathbf{q}$ ($\mathbf{p}, \mathbf{q}$ は実ベクトル) の形にとれて，$Q = [\mathbf{p}, \mathbf{q}]$ は逆行列を持ち

$$A = Q \begin{bmatrix} \alpha & \beta \\ -\beta & \alpha \end{bmatrix} Q^{-1} \tag{10.7}$$

(3) 固有方程式 $\lambda^2 - (a+d)\lambda + (ad-bc) = 0$ が重解 $\lambda = \frac{a+d}{2}$ を持つ場合．$A \neq \lambda E$ とすれば，固有ベクトル $\mathbf{v}$ に対し，

$$(A - \lambda E)\mathbf{w} = \mathbf{v} \tag{10.8}$$

なるベクトル $\mathbf{w}$ がある．$R = [\mathbf{v}, \mathbf{w}]$ とおくと R は逆行列を持ち

$$A = R \begin{bmatrix} \lambda & 1 \\ 0 & \lambda \end{bmatrix} R^{-1} \tag{10.9}$$

証明 <u>(1) の場合</u> (10.3) のように，$AP = P \begin{bmatrix} \lambda_+ & 0 \\ 0 & \lambda_- \end{bmatrix}$ である．P が逆行列を持てばよいが，これは $\mathbf{v}_+, \mathbf{v}_-$ が 1 次独立であることと同値である．

$$k\mathbf{v}_+ + l\mathbf{v}_- = \mathbf{0} \tag{10.10}$$

とすれば，A 倍すると

$$k\lambda_+\mathbf{v}_+ + l\lambda_-\mathbf{v}_- = \mathbf{0} \tag{10.11}$$

(10.10) を λ_+ 倍して (10.11) から引けば, $l(\lambda_- - \lambda_+)\mathbf{v}_- = \mathbf{0}$ となるから $l = 0$, したがって $k = 0$ である.

$$\therefore \quad A = P\begin{bmatrix} \lambda_+ & 0 \\ 0 & \lambda_- \end{bmatrix}P^{-1}, \quad P^{-1}AP = \begin{bmatrix} \lambda_+ & 0 \\ 0 & \lambda_- \end{bmatrix} \tag{10.12}$$

<u>(2) の場合</u>　前半は, 固有値 λ_+ の固有ベクトルを $\mathbf{v}_+ = \mathbf{p} + i\,\mathbf{q}$ ($\mathbf{p}, \mathbf{q}$ は実ベクトル) と書くと, $A\mathbf{v}_+ = \lambda_+\mathbf{v}_+$ の複素共役をとれば分かる.

$$A\overline{\mathbf{v}}_+ = \overline{\lambda}_+\overline{\mathbf{v}}_+ = \lambda_-\overline{\mathbf{v}}_+ \tag{10.13}$$

すなわち, $\overline{\mathbf{v}}_+ = \mathbf{v}_-$ とおける. 後半を示す. まず,

$$A\mathbf{p} = A\frac{\mathbf{v}_+ + \mathbf{v}_-}{2} = \frac{1}{2}(\lambda_+\mathbf{v}_+ + \lambda_-\mathbf{v}_-)$$
$$= \frac{1}{2}\{(\alpha+i\beta)(\mathbf{p}+i\mathbf{q}) + (\alpha-i\beta)(\mathbf{p}-i\mathbf{q})\} = \alpha\mathbf{p} - \beta\mathbf{q}$$

同様にして, $A\mathbf{q} = \beta\mathbf{p} + \alpha\mathbf{q}$ が分かる. よって $Q = [\mathbf{p}, \mathbf{q}]$ とおくと

$$AQ = A[\mathbf{p}, \mathbf{q}] = [A\mathbf{p}, A\mathbf{q}] = [\alpha\mathbf{p} - \beta\mathbf{q}, \beta\mathbf{p} + \alpha\mathbf{q}]$$
$$= [\mathbf{p}, \mathbf{q}]\begin{bmatrix} \alpha & \beta \\ -\beta & \alpha \end{bmatrix} = Q\begin{bmatrix} \alpha & \beta \\ -\beta & \alpha \end{bmatrix} \tag{10.14}$$

となる. $Q = \left[\dfrac{1}{2}(\mathbf{v}_+ + \mathbf{v}_-), \dfrac{1}{2i}(\mathbf{v}_+ - \mathbf{v}_-)\right] = [\mathbf{v}_+, \mathbf{v}_-]\begin{bmatrix} \frac{1}{2} & \frac{1}{2i} \\ \frac{1}{2} & \frac{-1}{2i} \end{bmatrix}$ は可逆行列の積だから Q^{-1} があり, (10.14) に右から Q^{-1} を掛けて (10.7) を得る.

<u>(3) の場合</u>　$|A - \lambda E| = 0$ だから $A - \lambda E = [\mathbf{v}_1, \mathbf{v}_2] \neq O$ の列ベクトル $\mathbf{v}_1, \mathbf{v}_2$ は 1 次従属かつどちらかは $\mathbf{0}$ でない. $\mathbf{v}_1 \neq \mathbf{0}$ ならば, $\mathbf{w} = \begin{bmatrix} 1 \\ 0 \end{bmatrix}$ ととると

$$(A - \lambda E)\mathbf{w} = [\mathbf{v}_1, k\mathbf{v}_1]\begin{bmatrix} 1 \\ 0 \end{bmatrix} = \mathbf{v}_1 = \mathbf{v}$$

とでき, $\mathbf{v}_2 \neq \mathbf{0}$ のときも同様である.

$$\therefore \quad AR = A\begin{bmatrix} \mathbf{v}, \mathbf{w} \end{bmatrix} = [A\mathbf{v}, (A - \lambda E)\mathbf{w} + \lambda E\mathbf{w}]$$
$$= \begin{bmatrix} \lambda\mathbf{v}, \mathbf{v} + \lambda\mathbf{w} \end{bmatrix} = \begin{bmatrix} \mathbf{v}, \mathbf{w} \end{bmatrix}\begin{bmatrix} \lambda & 1 \\ 0 & \lambda \end{bmatrix} = R\begin{bmatrix} \lambda & 1 \\ 0 & \lambda \end{bmatrix}$$

これに右から R^{-1} を掛けて, (10.9) を得る. $\mathbf{v}$ と $\mathbf{w}$ が1次独立であることは次のようにして分かる. $k\mathbf{v}+l\mathbf{w}=\mathbf{0}$ とすれば, $A-\lambda E$ を掛けて $l(A-\lambda E)\mathbf{w}=l\mathbf{v}=\mathbf{0}$ が分かり, $l=0$, したがって $k=0$ である. よって R^{-1} が存在する. □

10.3 行列の指数関数の計算

定理 10.3.1 定理 10.2.1 と同じ記号を使い, A の固有値を $\lambda_\pm$ を定理 10.2.1 と同じように分類すると, e^{tA} は次のようになる (t は実数).

$$(1)\text{ の場合} \quad e^{tA} = P\begin{bmatrix} e^{\lambda_+ t} & 0 \\ 0 & e^{\lambda_- t} \end{bmatrix}P^{-1} \tag{10.15}$$

$$(2)\text{ の場合} \quad e^{tA} = e^{\alpha t}Q\begin{bmatrix} \cos\beta t & \sin\beta t \\ -\sin\beta t & \cos\beta t \end{bmatrix}Q^{-1} \tag{10.16}$$

$$(3)\text{ の場合} \quad e^{tA} = e^{\lambda t}R\begin{bmatrix} 1 & t \\ 0 & 1 \end{bmatrix}R^{-1} \tag{10.17}$$

証明 (1) 定理 9.3.1 (1), 例 9.2.1 を使うと, $\Lambda = \begin{bmatrix} \lambda_+ & 0 \\ 0 & \lambda_- \end{bmatrix}$ として

$$e^{tA} = e^{tP\Lambda P^{-1}} = Pe^{t\Lambda}P^{-1} = P\begin{bmatrix} e^{\lambda_+ t} & 0 \\ 0 & e^{\lambda_- t} \end{bmatrix}P^{-1}$$

(2) (1) と同様に, $J = \begin{bmatrix} 0 & 1 \\ -1 & 0 \end{bmatrix}$ とすれば, 定理 10.2.1(2) より,

$$e^{tA} = e^{tQ(\alpha E+\beta J)Q^{-1}} = Qe^{t(\alpha E+\beta J)}Q^{-1}$$

$$= Qe^{\alpha tE}e^{\beta tJ}Q^{-1} = e^{\alpha t}Qe^{\beta tJ}Q^{-1} = e^{\alpha t}Q\begin{bmatrix} \cos\beta t & \sin\beta t \\ -\sin\beta t & \cos\beta t \end{bmatrix}Q^{-1}$$

(3) $K = \begin{bmatrix} \lambda & 1 \\ 0 & \lambda \end{bmatrix}$ とおく. $K = \lambda E + N$ であり, (1)(2) と同様に $e^{tA} = e^{tRKR^{-1}} = Re^{tK}R^{-1}$. ここで [問題 10.3.1(1)]

$$e^{tK} = e^{t(\lambda E + N)} = e^{t\lambda E} e^{tN} = e^{t\lambda} \begin{bmatrix} 1 & t \\ 0 & 1 \end{bmatrix} \tag{10.18}$$

$$\therefore \quad e^{tA} = e^{t\lambda} R \begin{bmatrix} 1 & t \\ 0 & 1 \end{bmatrix} R^{-1} \qquad \square$$

例 10.3.1 例 10.1.1 の $A = \begin{bmatrix} 0 & 1 \\ -2 & 3 \end{bmatrix}$ のとき,

(1) e^{tA} を求め,(2) $\mathbf{v}'(t) = A\mathbf{v}(t)$ の解を $\mathbf{v}(0) = \begin{bmatrix} x(0) \\ y(0) \end{bmatrix}$ で表す.

解 (1) (10.4) より,$e^{tA} = P \begin{bmatrix} e^t & 0 \\ 0 & e^{2t} \end{bmatrix} P^{-1}$ であり,具体的に

$$e^{tA} = \begin{bmatrix} 1 & 1 \\ 1 & 2 \end{bmatrix} \begin{bmatrix} e^t & 0 \\ 0 & e^{2t} \end{bmatrix} \begin{bmatrix} 2 & -1 \\ -1 & 1 \end{bmatrix}$$

$$= \begin{bmatrix} 1 & 1 \\ 1 & 2 \end{bmatrix} \begin{bmatrix} 2e^t & -e^t \\ -e^{2t} & e^{2t} \end{bmatrix} = \begin{bmatrix} 2e^t - e^{2t} & -e^t + e^{2t} \\ 2e^t - 2e^{2t} & -e^t + 2e^{2t} \end{bmatrix}$$

(2) $\mathbf{v}(t) = \begin{bmatrix} x(t) \\ y(t) \end{bmatrix} = e^{tA} \mathbf{v}(0) = \begin{bmatrix} 2e^t - e^{2t} & -e^t + e^{2t} \\ 2e^t - 2e^{2t} & -e^t + 2e^{2t} \end{bmatrix} \begin{bmatrix} x(0) \\ y(0) \end{bmatrix}$

$$\therefore \quad \begin{cases} x(t) = (2x(0) - y(0))e^t + (-x(0) + y(0))e^{2t} \\ y(t) = (2x(0) - y(0))e^t + (-2x(0) + 2y(0))e^{2t} \end{cases} \tag{10.19}$$

$\square$

問題 10.3.1 (1) (10.18) を確かめよ.[ヒント:定理 9.3.1]

(2) 問題 10.1.1 の 2 つの行列について,例 10.3.1 と同様に,その指数関数を求め,それを用いて $\mathbf{v}' = A\mathbf{v}$ の解を初期値 $\mathbf{v}(0)$ で表せ.

章末問題 10

10.1 A を ア) $\begin{bmatrix} 6 & 3 \\ 1 & 4 \end{bmatrix}$, イ) $\begin{bmatrix} 1 & 2 \\ -1 & 3 \end{bmatrix}$, ウ) $\begin{bmatrix} -3 & 4 \\ -9 & 9 \end{bmatrix}$ とする. それぞれについて, A の指数関数 e^{tA} (t は実数) を以下にしたがって求めよ.
  (1) 固有値とそれに対応する固有ベクトルを求めよ.
  (2) 対角化あるいはジョルダン標準形に変換する行列を計算せよ.
  (3) 行列の指数関数を求めよ.

10.2 2 次正方行列 A の固有多項式が, ある α, β を用いて $(\lambda - \alpha)(\lambda - \beta)$ と書けるならば, e^A の固有多項式は, $(\lambda - e^\alpha)(\lambda - e^\beta)$ を書けることを示せ. また, A の行列式 $\det e^A$ は, $e^{\mathrm{trace}(A)}$ に等しいことを示せ. ただし $\mathrm{trace}(X)$ は正方行列 X の対角成分の和を表す.

10.3 (9.2) の非同次方程式
$$\frac{d\mathbf{x}}{dt} = A\mathbf{x} + \mathbf{f}(t)$$
を次のように解け.
  (1) $\mathbf{y} = e^{-tA}\mathbf{x}$ とおくとき, 次の同値を示せ.
$$\mathbf{x} \text{ が解} \iff \mathbf{y}' = e^{-tA}\mathbf{f}$$
  [注：$\mathbf{x} = e^{tA}\mathbf{y}$ であるから, これは定数変化法のベクトル版である.]
  (2) (1) の $\mathbf{y}$ の方程式の解が, 次で与えられることを確かめよ.
$$\mathbf{y}(t) = \mathbf{y}(0) + \int_0^t e^{-sA}\mathbf{f}(s)ds$$
  ここで, 積分は各成分ごとである. これにより, $\mathbf{x} = e^{tA}\mathbf{y}$ である.
  (3) (2) を用いて, 例 2.2.1 (3) の場合
$$\mathbf{x}(t) = \begin{bmatrix} x_1(t) \\ x_2(t) \end{bmatrix}, \quad A = \begin{bmatrix} 2 & 3 \\ -4 & -5 \end{bmatrix}, \quad \mathbf{f}(t) = \begin{bmatrix} e^t \\ \cos t \end{bmatrix}$$
を解け.

Chapter 11
定係数 1 階連立線形微分方程式

第 11 章では，第 9 章および第 10 章で扱った連立微分方程式の，初期値問題

$$\frac{d\mathbf{x}}{dt} = A\mathbf{x}, \quad \mathbf{x}(t_0) = \mathbf{x}_0 \tag{11.1}$$

を考える．とくに，解の $t \to \pm\infty$ におけるふるまいを調べる．

11.1 解の一意性

定理 11.1.1 (11.1) の解は，初期条件 $\mathbf{x}_0$ を決めるとただ 1 つ存在する．また，初期値が異なれば解も異なる．

証明 第 9 章の結果から，

$$\mathbf{x}(t) = e^{(t-t_0)A}\mathbf{x}_0$$

は (11.1) の解である．$\mathbf{y}(t)$ も (11.1) の解とすると

$$\frac{d}{dt}\left(e^{-(t-t_0)A}\mathbf{y}(t)\right) = (-Ae^{-(t-t_0)A})\mathbf{y}(t) + e^{-(t-t_0)A}A\mathbf{y}(t) = \mathbf{0}$$

ここで $A\,e^{-(t-t_0)A} = e^{-(t-t_0)A}\,A$ を用いた．よって $e^{-(t-t_0)A}\mathbf{y}(t)$ は定ベクトルである．これを $\mathbf{c}$ とおく．

$t = t_0$ のとき

$$\mathbf{y}(t_0) = \mathbf{c} = \mathbf{x}_0$$

であるから，

$$\mathbf{y}(t) = e^{(t-t_0)A}\mathbf{c} = e^{(t-t_0)A}\mathbf{x}_0 = \mathbf{x}(t)$$

となり，解はただ 1 つであることが分かる． □

問題 11.1.1 定理の後半 (初期値が異なれば解も異なる) を確かめよ．

系 11.1.1 (11.1) の微分方程式 $\dfrac{d\mathbf{x}}{dt} = A\mathbf{x}$ の解全体の集合を V とすれば, V は 2 次元のベクトル空間となる.

証明 2 つの解 $\mathbf{x}, \mathbf{y} \in V$ と定数 k, l に対し
$$(k\mathbf{x} + l\mathbf{y})' = k\mathbf{x}' + l\mathbf{y}' = kA\mathbf{x} + lA\mathbf{y} = A(k\mathbf{x} + l\mathbf{y})$$
すなわち, $k\mathbf{x} + l\mathbf{y} \in V$. これが V がベクトル空間をなすという意味である.

V が 2 次元ということは, 2 つの解 $\mathbf{x}_1, \mathbf{x}_2 \in V$ で基底ができる, つまりこれらは 1 次独立で, 任意の解が, それらの 1 次結合で表せるということである. 以下, これを示そう.

始めに, $t = t_0$ での初期値を $\mathbf{e}_1 = \begin{bmatrix}1\\0\end{bmatrix}, \mathbf{e}_2 = \begin{bmatrix}0\\1\end{bmatrix}$ としたときの解を $\mathbf{x}_1, \mathbf{x}_2$ とおくと, $\mathbf{x}_1, \mathbf{x}_2$ が V の基底となることを示そう. 1 次独立性を示す. $k\mathbf{x}_1 + l\mathbf{x}_2 = \mathbf{0}$ とすると, $t = t_0$ のとき $k\mathbf{x}_1(t_0) + l\mathbf{x}_2(t_0) = k\mathbf{e}_1 + l\mathbf{e}_2 = \mathbf{0}$. $\mathbf{e}_1$ と $\mathbf{e}_2$ は 1 次独立だから, $k = l = 0$.

次に, 任意の解 $\mathbf{x} \in V$ がこれらの 1 次結合であることを示す. 定理より, 解 $\mathbf{x}(t)$ は t_0 での初期値 $\mathbf{x}(t_0) = \mathbf{x}_0$ で決まる. $\mathbf{x}_0 = k\mathbf{e}_1 + l\mathbf{e}_2$ と表せば
$$\begin{aligned}\mathbf{x}(t) &= e^{(t-t_0)A}\mathbf{x}_0 \\ &= ke^{(t-t_0)A}\mathbf{e}_1 + le^{(t-t_0)A}\mathbf{e}_2 = k\mathbf{x}_1(t) + l\mathbf{x}_2(t)\end{aligned} \tag{11.2}$$
となり, $\mathbf{x}$ は $\mathbf{x}_1$ と $\mathbf{x}_2$ の 1 次結合で書けている.

よって $\mathbf{x}_1, \mathbf{x}_2$ は V の基底をなし, V は 2 次元であることが分かる. □

注意 11.1.1 A が固有値 $\lambda_\pm$ と対応する固有ベクトル $\mathbf{v}_\pm$ を持ち, $P = [\mathbf{v}_+, \mathbf{v}_-]$ で対角化されるとする. このとき解 (11.2) は, 初期値を $\mathbf{v}_\pm$ により
$$\mathbf{x}_0 = c_+\mathbf{v}_+ + c_-\mathbf{v}_-$$
と表せば, 次のようにも表せる (簡単のため $t_0 = 0$ とする).
$$\mathbf{x}(t) = c_+e^{\lambda_+ t}\mathbf{v}_+ + c_-e^{\lambda_- t}\mathbf{v}_- \tag{11.3}$$
実際, 任意の自然数 n に対して, $A^n\mathbf{v}_\pm = \lambda_\pm^n\mathbf{v}_\pm$ より $e^{tA}\mathbf{v}_\pm = e^{t\lambda_\pm}\mathbf{v}_\pm$ であるから,
$$e^{tA}\mathbf{x}_0 = e^{tA}(c_+\mathbf{v}_+ + c_-\mathbf{v}_-) = c_+e^{tA}\mathbf{v}_+ + c_-e^{tA}\mathbf{v}_- = (11.3)$$
これは, 解空間 V の基底を $\mathbf{v}_\pm$ に取り換えた表示といえる.

問題 11.1.2 (11.3) は第 10 章の計算からも出せる．以下のそれぞれの等号の理由を説明せよ：

$$\mathbf{x}(t) = e^{tA}\mathbf{x}_0 = P\begin{bmatrix} e^{\lambda_+ t} & 0 \\ 0 & e^{\lambda_- t} \end{bmatrix} P^{-1}\mathbf{x}_0$$

である．ここで $\mathbf{x}_0 = c_+\mathbf{v}_+ + c_-\mathbf{v}_- = P\begin{bmatrix} c_+ \\ c_- \end{bmatrix}$, $P = [\mathbf{v}_+, \mathbf{v}_-]$ とすれば

$$\mathbf{x}(t) = P\begin{bmatrix} e^{\lambda_+ t} & 0 \\ 0 & e^{\lambda_- t} \end{bmatrix}\begin{bmatrix} c_+ \\ c_- \end{bmatrix} = P\begin{bmatrix} c_+ e^{\lambda_+ t} \\ c_- e^{\lambda_- t} \end{bmatrix}$$
$$= c_+ e^{\lambda_+ t}\mathbf{v}_+ + c_- e^{\lambda_- t}\mathbf{v}_-$$
□

11.2 解曲線とベクトル場

第 9 章において，$A = \begin{bmatrix} 0 & -1 \\ 1 & 0 \end{bmatrix}$ は，平面の回転に対応していることを見た．$t = 0$ での位置 (初期値) $\mathbf{x}_0$ を決めると解 $\mathbf{x}(t) = e^{tA}\mathbf{x}_0$ は 1 つに決まり，$\mathbf{x}_0 \neq \mathbf{0}$ ならば解が描く曲線は原点を中心とし $\mathbf{x}_0$ を通る円となる．

定義 11.2.1 (解曲線) (11.1) の解は，初期値 $\mathbf{x}_0$ を 1 つ決めるごとに曲線を定める．この曲線を**解曲線** (integral curve) という．$\mathbf{x}_0$ を動かして得られる (11.1) の解曲線の全体を，**解曲線の族** (the family of integral curves) という．

注意 11.2.1 (ベクトル場) $\mathbf{x}' = A\mathbf{x}$ (11.1) は，次の条件の極限 ($\epsilon \to 0$) と見ることができる．

$$\frac{1}{\epsilon}(\mathbf{x}(t+\epsilon) - \mathbf{x}(t)) = A\mathbf{x}(t) \iff \mathbf{x}(t+\epsilon) = \mathbf{x}(t) + \epsilon A\mathbf{x}(t) \quad (11.4)$$

平面の各点 $\mathbf{x}$ にベクトル $A\mathbf{x}$ を描くと，平面の各点にベクトルが対応した図ができる．これを方程式 (11.1) の**ベクトル場** (vector field) という．以下では第 9 章，第 10 章の結果を用いて (11.1) を解くが，(11.4) によれば

$$\mathbf{x}(\epsilon) = \mathbf{x}(0) + \epsilon A\mathbf{x}(0),\ \mathbf{x}(2\epsilon) = \mathbf{x}(\epsilon) + \epsilon A\mathbf{x}(\epsilon),$$
$$\mathbf{x}((n+1)\epsilon) = \mathbf{x}(n\epsilon) + \epsilon A\mathbf{x}(n\epsilon), \cdots \quad (11.5)$$

のように，初期値 $\mathbf{x}(0)$ から各点のベクトル場を次々とつないで得られる折線が解曲線の近似を与える．

例 11.2.1 (1) $A = \begin{bmatrix} 0 & -1 \\ 1 & 0 \end{bmatrix} = \begin{bmatrix} \cos\frac{\pi}{2} & -\sin\frac{\pi}{2} \\ \sin\frac{\pi}{2} & \cos\frac{\pi}{2} \end{bmatrix}$ のとき，A は $90°$ 回転を表すから，各点にその位置ベクトルを $90°$ 回転したベクトルを書いたものが対応するベクトル場となる．(11.1) の解曲線は，各点でこれを接ベクトルに持つ同心円からなる．

(2) $A = \begin{bmatrix} 0 & 2 \\ 1 & -1 \end{bmatrix}$ のとき，各点 (x,y) にベクトル $\begin{bmatrix} 2y \\ x-y \end{bmatrix}$ を書いたものとなり，図 11.1 右のようになる．

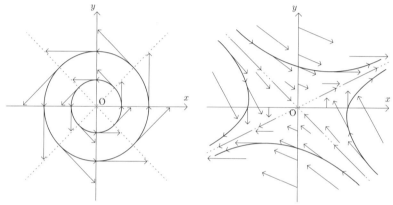

図 11.1 方程式 (11.1) のベクトル場と解曲線の例．$A = \begin{bmatrix} 0 & -1 \\ 1 & 0 \end{bmatrix}$ (左)，$\begin{bmatrix} 0 & 2 \\ 1 & -1 \end{bmatrix}$ (右) のとき

問題 11.2.1 (11.1) のベクトル場を $A = \begin{bmatrix} 0 & 1 \\ 1 & 0 \end{bmatrix}$ のときに書いてみよ．

以下，(11.1) の解の $t \to \pm\infty$ における挙動を調べる．11.1 節の記号をそのまま使う．$A = \begin{bmatrix} a & b \\ c & d \end{bmatrix}$ (a, b, c, d は実定数) の固有方程式の解を $\lambda_\pm$ とする．初期値を $\mathbf{x}_0$ とする (11.1) の解は，第 9 章により

$$\mathbf{x}(t) = e^{tA} \mathbf{x}_0 \tag{11.6}$$

である．$\mathbf{x}_0 = \mathbf{0}$ なら $\mathbf{x}(t) \equiv \mathbf{0}$ なので，以下では $\mathbf{x}_0 \neq \mathbf{0}$ とする．

固有方程式の解について，次の 3 つの場合があった．

(1) 解 $\lambda_+ \neq \lambda_-$ が相異なる実数のとき ($\lambda_+ > \lambda_-$ とする)
(2) 解 $\lambda_+ \neq \lambda_-$ がたがいに共役な複素数 $\lambda_\pm = \alpha \pm i\beta$ のとき (α, β は実数. $\beta > 0$)
(3) 重解 $\lambda_+ = \lambda_-$ のとき ($\lambda_\pm = \frac{a+d}{2}$ は実数)

解 (11.7) の挙動を,この場合分けにしたがって調べる.

11.2.1　(I) 固有値が相異なる実数のとき

$\lambda_+ \neq \lambda_-$ ならば,$\mathbf{v}_\pm$ を対応する固有ベクトルとして,$P = [\mathbf{v}_+, \mathbf{v}_-]$ とおく.初期値を $\mathbf{x}_0 = c_+\mathbf{v}_+ + c_-\mathbf{v}_-$ とする (11.1) の解は,(11.3) により

$$\mathbf{x}(t) = c_+ e^{\lambda_+ t}\mathbf{v}_+ + c_- e^{\lambda_- t}\mathbf{v}_- \tag{11.7}$$

であった.$\mathbf{u}(t) = \begin{bmatrix} c_+ e^{\lambda_+ t} \\ c_- e^{\lambda_- t} \end{bmatrix} = \begin{bmatrix} u(t) \\ v(t) \end{bmatrix}$ と書けば,$\mathbf{x}(t) = P\mathbf{u}(t)$ である.

注意 11.2.2　$\mathbf{u}(t)$ の形より,原点以外の点を出発した解曲線は,有限の時間では決して原点に到達しないことに注意する.

定理 11.2.1　$\lambda_\pm$ が相異なる実数のとき,次の 3 通りが考えられる.

(1) $0 < \lambda_- < \lambda_+$　　(2) $\lambda_- < \lambda_+ < 0$　　(3) $\lambda_- < 0 < \lambda_+$

このとき,解曲線の概形は図 11.2〜図 11.4 のようになる.矢印は $t \to +\infty$ としたときの向きを表し,$t \to -\infty$ のときは逆向きになる.

証明　いずれの場合も,$u(t) = c_+ e^{\lambda_+ t}$,$v(t) = c_- e^{\lambda_- t}$ より

$$\left(\frac{u(t)}{c_+}\right)^{\lambda_-} = e^{\lambda_-\lambda_+ t} = \left(\frac{v(t)}{c_-}\right)^{\lambda_+}$$

$$\therefore \quad |v| = C\,|u|^{\lambda_-/\lambda_+} \quad (C \text{ は定数}) \tag{11.8}$$

(1) のとき　$0 < \lambda_-/\lambda_+ < 1$ より,(11.8) の曲線は図 11.2 のようになる.ただし,軸の上の点は軸上を移動する.$0 < \lambda_- < \lambda_+$ より,$t \to +\infty$ としたとき,解は原点から遠ざかる.

(2) のとき　$\lambda_-/\lambda_+ > 1$ に注意する.また $\lambda_- < \lambda_+ < 0$ より,$t \to +\infty$ と

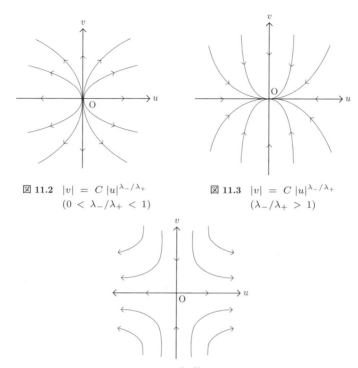

図 11.2 $|v| = C\,|u|^{\lambda_-/\lambda_+}$ $(0 < \lambda_-/\lambda_+ < 1)$

図 11.3 $|v| = C\,|u|^{\lambda_-/\lambda_+}$ $(\lambda_-/\lambda_+ > 1)$

図 11.4 $|v| = C\,|u|^{\lambda_-/\lambda_+}$ $(\lambda_-/\lambda_+ < 0)$

簡単のため，図では $\mathbf{v}_+(u$ 軸$)$, $\mathbf{v}_-(v$ 軸$)$ は正の向きの直交系であるものとした．

したとき，$\begin{bmatrix} u(t) \\ v(t) \end{bmatrix}$ は原点に近づくことが分かる (図 11.3)．

(3) のとき $\lambda_- < 0 < \lambda_+$ だから，解曲線 (11.7) は $|v| = C|u|^{-|\lambda_-/\lambda_+|}$ と書ける．$t \to +\infty$ としたとき，$|u(t)| \to \infty$, $|v(t)| \to 0$ である (図 11.4)． □

問題 11.2.2 $\mathbf{x}' = A\mathbf{x}$ の解曲線の概形を，いろいろな初期値について描け．
(1) $A = \begin{bmatrix} 3 & 1 \\ 4 & 3 \end{bmatrix}$ のとき [ヒント：問題 10.1.1] (2) $A = \begin{bmatrix} 0 & 1 \\ 4 & 0 \end{bmatrix}$ のとき

11.2.2 (II) 固有値が共役な複素数のとき

A の固有値 $\lambda_\pm = \alpha \pm i\beta$ (α, β は実数, $\beta \neq 0$) に対し，対応する固有ベクトルは $\mathbf{v}_\pm = \mathbf{p} \pm i\mathbf{q}$ ととれた．ただし，$\mathbf{p}, \mathbf{q}$ は 1 次独立な実ベクトル．$Q = [\mathbf{p}, \mathbf{q}]$ とおくと，定理 10.2.1(2) より，

$$Q^{-1}AQ = \begin{bmatrix} \alpha & \beta \\ -\beta & \alpha \end{bmatrix} = \alpha E + \beta J, \quad \text{ただし } J = \begin{bmatrix} 0 & 1 \\ -1 & 0 \end{bmatrix} \quad (11.9)$$

であり，定理 10.3.1(2) より

$$e^{tA} = Qe^{t(\alpha E + \beta J)}Q^{-1} = e^{\alpha t}Q \begin{bmatrix} \cos\beta t & \sin\beta t \\ -\sin\beta t & \cos\beta t \end{bmatrix} Q^{-1}$$

となる．ゆえに，初期値 $\mathbf{x}_0$ の (11.1) の解は

$$\mathbf{x}(t) = e^{\alpha t}Q \begin{bmatrix} \cos\beta t & \sin\beta \\ -\sin\beta t & \cos\beta t \end{bmatrix} Q^{-1}\mathbf{x}_0 \quad (11.10)$$

$Q^{-1}\mathbf{x}(t) = \mathbf{u}(t) = \begin{bmatrix} u(t) \\ v(t) \end{bmatrix}$, $Q^{-1}\mathbf{x}_0 = \mathbf{u}_0$ と書くと

$$(11.10) \iff \mathbf{u}(t) = e^{\alpha t} \begin{bmatrix} \cos\beta t & \sin\beta \\ -\sin\beta t & \cos\beta t \end{bmatrix} \mathbf{u}_0 \quad (11.11)$$

右辺の行列は回転を表すから，$\|\mathbf{u}(t)\| = e^{\alpha t}\|\mathbf{u}_0\|$，すなわち

$$u(t)^2 + v(t)^2 = e^{2\alpha t}(u(0)^2 + v(0)^2)$$

これより α の符号によって $t \to \pm\infty$ における解曲線の挙動が変わることが分かる．

> **定理 11.2.2** 固有値がたがいに共役な複素数の場合，α と β の符号によって，$Q^{-1}\mathbf{x}(t) = \mathbf{u}(t)$ の $t \to \infty$ での挙動は次のようになる．
> (1) $\alpha > 0$ のとき，$\mathbf{u}(t)$ は原点から限りなく遠ざかる．
> (2) $\alpha < 0$ のとき，$\mathbf{u}(t)$ は原点に限りなく近づく．
> (3) $\alpha = 0$ のとき，$\mathbf{u}(t)$ は原点を中心とする円上を等速度で回転する．
> いずれの場合も，$\mathbf{u}(t)$ は $\beta > 0$ なら時計回りに，$\beta < 0$ なら反時計回りに回転する．これらを図示すると図 11.5 のようになる．$\mathbf{x}(t) = Q\mathbf{u}(t)$ は，$\mathbf{u}(t)$ の描く曲線を Q 倍した曲線を描く．
> $t \to -\infty$ での挙動は，上で (α, β) を $(-\alpha, -\beta)$ としたものになる．

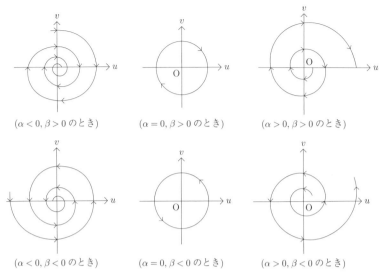

図 11.5　11.2.2 (II) のときの (u,v) 平面における解曲線

問題 11.2.3 $B = \begin{bmatrix} 0 & -4 \\ 1 & 0 \end{bmatrix}$ のとき，$\mathbf{x}' = B\mathbf{x}$ の解曲線の概形を描け．

11.2.3　(III) 重解のとき

次の 2 つの場合がある．(1)　$A = \lambda E$　　(2)　$A = R \begin{bmatrix} \lambda & 1 \\ 0 & \lambda \end{bmatrix} R^{-1}$

(1) のとき　(11.1) は $\mathbf{x}'(t) = \lambda \mathbf{x}(t)$ となり，解は $\mathbf{x}(t) = e^{\lambda t} \mathbf{x}_0$ となる．
$\mathbf{x}_0 = \begin{bmatrix} x_0 \\ y_0 \end{bmatrix}$ とすれば，$\mathbf{x}(t) = \begin{bmatrix} x(t) \\ y(t) \end{bmatrix} = e^{\lambda t} \begin{bmatrix} x_0 \\ y_0 \end{bmatrix}$ であるから

定理 11.2.3　(III-1) $A = \lambda E, \mathbf{x}_0 \neq \mathbf{0}$ のとき，解は $\lambda \neq 0$ ならば

$$x : y = x_0 : y_0$$

なる直線上を動く．$t \to \infty$ としたとき，$\mathbf{x}(t)$ は $\lambda > 0$ なら原点から遠ざかり，$\lambda < 0$ なら原点に近づく．

また，$\lambda = 0$ ならば，解は初期値の点にとどまる．

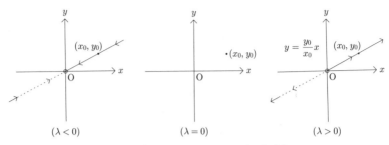

図 11.6　定理 11.2.3 (III-1) のときの解曲線.

(2) のとき　定理 10.2.1(3) より, $\mathbf{v}$ を固有ベクトル, $\mathbf{w}$ を $(A-\lambda E)\mathbf{w}=\mathbf{v}$ とすれば, $R=[\mathbf{v},\mathbf{w}]$ により $e^{tA}=R\begin{bmatrix} e^{\lambda t} & te^{\lambda t} \\ 0 & e^{\lambda t} \end{bmatrix}R^{-1}$ であった. (I)(II) と同様に, $R^{-1}\mathbf{x}(t)=\mathbf{u}(t)=\begin{bmatrix} u(t) \\ v(t) \end{bmatrix}$, $\mathbf{u}(0)=\mathbf{u}_0=\begin{bmatrix} u_0 \\ v_0 \end{bmatrix}$ とおくと

$$\begin{bmatrix} u(t) \\ v(t) \end{bmatrix} = e^{\lambda t}\begin{bmatrix} 1 & t \\ 0 & 1 \end{bmatrix}\begin{bmatrix} u_0 \\ v_0 \end{bmatrix} \quad \therefore \quad \begin{cases} u(t) = e^{\lambda t}u_0 + tv(t) \\ v(t) = e^{\lambda t}v_0 \end{cases} \tag{11.12}$$

となる. $u(t)/v(t)=u_0/v_0+t$, $\lambda t=\log(v(t)/v_0)$ であるから,

$$u(t) = v(t)\left(\frac{u_0}{v_0} + \frac{1}{\lambda}\log\frac{v(t)}{v_0}\right) \tag{11.13}$$

であり, $u=av+bv\log v (a,b$ は定数) の形である. これらより

> **定理 11.2.4**　(III-2) を考える. $t\to+\infty$ とすると, uv 平面において, $\mathbf{u}(t)$ は
> ・$\lambda>0$ のとき, 原点から限りなく遠ざかり,
> ・$\lambda=0$ のとき, $v(t)=v_0$ なる直線上を動き,
> ・$\lambda<0$ のとき, 原点に限りなく近づく.

ここで注意すべきことは, $(u(t),v(t))$ の描く解曲線 (11.12) は, 直線 $\frac{u}{v}=\frac{u_0}{v_0}$ と比べ, $tv(t)$ の項だけ u 軸方向にずれることである. また, 解曲線の傾きを調べることで, $t\to+\infty$ としたときの解の挙動は図 11.7 のようになる. $t\to\pm\infty$ で $\frac{dv}{du}=\frac{1}{u_0/v_0+1/\lambda+t}\to 0$ となること, また $t\to-(\frac{u_0}{v_0}+\frac{1}{\lambda})$ では $\frac{du}{dv}\to 0$ となることに注意する.

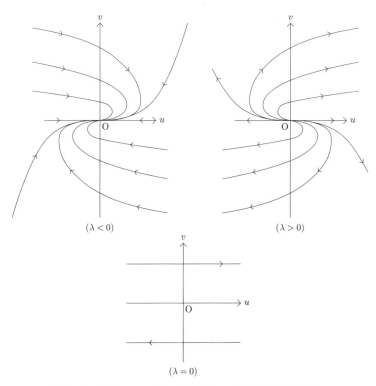

図 11.7 定理 11.2.4 (III-2) のときの uv 平面における解曲線.

章末問題 11

11.1 次で与えられる微分方程式の xy 平面における解曲線の概形を描け.

(1) $\begin{cases} x' = x \\ y' = 2y \end{cases}$
(2) $\begin{cases} x' = -4x \\ y' = -2y \end{cases}$

(3) $\begin{cases} x' = -y \\ y' = x \end{cases}$
(4) $\begin{cases} x' = x - y \\ y' = x + y \end{cases}$

(5) $\begin{cases} x' = 2y \\ y' = 3x - y \end{cases}$
(6) $\begin{cases} x' = -x + 3y \\ y' = 9x + 5y \end{cases}$

11.2 第1章の例 1.2.4 で, ロミオとジュリエットの愛憎量を表す方程式を紹介した. 今, 彼らは同じタイプ, すなわち, それぞれの愛憎量 R, J は, a, b を正の定数として次の方程式で表されるとする.

$$\begin{cases} R' = aR + bJ \\ J' = bR + aJ \end{cases} \tag{11.14}$$

(1) 行列 $A = \begin{bmatrix} a & b \\ b & a \end{bmatrix}$ の固有値, 固有ベクトルを求めよ.

(2) e^{tA} ($t > 0$) を計算せよ.

(3) $t = 0$ のとき, 2人は同じ気持ち $R(0) = J(0)$ とする. A の固有値の符号で場合分けを行い, 2人の気持ちの変化を調べよ.

11.3 前問で今度は, $a > b > 0$ として, 2人の感情が次の方程式で表されるとする.

$$\begin{cases} R' = aR + bJ \\ J' = -bR - aJ \end{cases} \tag{11.15}$$

(1) 方程式の形から, 解はどのようになると考えられるか？ 計算することなしに (J, R) 平面における解曲線の概形を予想せよ.

(2) 行列 $A = \begin{bmatrix} a & b \\ -b & -a \end{bmatrix}$ の固有値, 固有ベクトルを求めよ.

(3) e^{tA} ($t > 0$) を計算せよ.

(4) $t = 0$ のとき, 2人は同じ気持ち $R(0) = J(0)$ であったとする. $t \to \infty$ における2人の気持ちの変化を調べよ.

第III部 展望編

Chapter 12

力学系としての微分方程式

12.1 平面の運動

1つの独立変数(時間)とともに変化する量があるとき,その変化を記述したものを**力学系** (dynamical system) と呼ぶ.ここではとくに,平面の点 $\mathbf{x} = \mathbf{x}(t)$ の運動を表す,次の形の微分方程式

$$\begin{cases} \mathbf{x}'(t) = \mathbf{f}(\mathbf{x}(t)) & (t \text{ は実数}) \\ \mathbf{x}(0) = \mathbf{x}_0 \end{cases} \tag{12.1}$$

を考える.これを**自励系** (autonomous system) という.自励系の定義で重要なことは,t によらず点 $\mathbf{x}$ の位置のみで $\mathbf{x}'$ が決まるということである.

例 12.1.1 (自励系と非自励系) $\mathbf{x}' = \|\mathbf{x}\|\,\mathbf{x}$ は自励系であるが,$\mathbf{x}' = e^t\|\mathbf{x}\|\,\mathbf{x}$ は自励系でない(それを**非自励系** nonautonomous system という).

注意 12.1.1 方程式 (12.1) についても,注意 11.2.1 と同様に,各点 (x,y) に右辺のベクトル $\mathbf{f}(x,y) = \begin{bmatrix} f_1(x,y) \\ f_2(x,y) \end{bmatrix}$ を描いたものを,この方程式のベクトル場という.(11.4) と同様に

$$\mathbf{x}(t+\epsilon) \fallingdotseq \mathbf{x}(t) + \epsilon \mathbf{f}(\mathbf{x}(t))$$

と考えられるから,(12.1) の解はベクトル場の矢印を結んで近似される.ベクトル場 $\mathbf{f}(x,y)$ が時間 t によらない,というのが自励系の場合である.これに対し,時間 t によるベクトル場 $\mathbf{f}(x,y,t)$ の場合が非自励系である.

以後 $\mathbf{x}(t) = \begin{bmatrix} x(t) \\ y(t) \end{bmatrix}$, $\mathbf{f}(\mathbf{x}) = \begin{bmatrix} f_1(\mathbf{x}) \\ f_2(\mathbf{x}) \end{bmatrix} = \begin{bmatrix} f_1(x,y) \\ f_2(x,y) \end{bmatrix}$ と表す.

定理 A.1 より, $\mathbf{f}(\mathbf{x})$ が $\mathbf{x}$ に関して連続なら, 初期値 $\mathbf{x}_0$ を決めると (12.1) の解が決まる. この解が作る平面上の曲線を**解曲線** (integral curve) といい, $\mathbf{x}_0$ を動かして得られる曲線全体を**解曲線の族** (the family of integral curves) と呼ぶ.

定義 12.1.1 $\mathbf{f}(\mathbf{p}) = \mathbf{0}$ なる点 $\mathbf{p}$ を, (12.1) の**平衡点** (equilibrium) という.

平衡点 $\mathbf{p}$ では (12.1) の右辺が $\mathbf{0}$ なので, 初期値が $\mathbf{x}_0 = \mathbf{p}$ である解として恒等的に $\mathbf{x}(t) \equiv \mathbf{p}$ という解があることに注意しよう. この場合, 解曲線は 1 点 $\mathbf{p}$ ということになる.

付録 A 系 A.1 より, $\mathbb{R}^2$ 上の関数 $\mathbf{f}$ がリプシッツ (Lipschitz) 連続関数ならば, (12.1) の解は, 任意の初期値 $\mathbf{x}_0$ に対し $-\infty < t < \infty$ の範囲で一意的に存在する. そして次の定理が成り立つが, 証明なしで紹介することにする.

定理 12.1.1 (自励系 (12.1) の解曲線と平衡点)

(1) 解曲線は平衡点以外で枝分かれしない.

(2) 解は, $t \to \pm\infty$ で平衡点 $\mathbf{p}$ に収束するとする:
$$\lim_{t \to \infty} \mathbf{x}(t) = \mathbf{p} \quad \text{または} \quad \lim_{t \to -\infty} \mathbf{x}(t) = \mathbf{p}$$
このとき, $\mathbf{x}(t)$ は有限の時間では $\mathbf{p}$ に到達しない:任意の実数 t に対して $\mathbf{x}(t) \neq \mathbf{p}$.

(3) 解曲線が閉曲線で平衡点を含まなければ, 解は周期的になる:解 $\mathbf{x}$ に対し $T \neq 0$(周期) があって, $\mathbf{x}(t+T) = \mathbf{x}(t)$ (t は実数) となる.

例 12.1.2 バネ定数 $k > 0$ のバネの単振動を表す微分方程式
$$x'' = -kx \tag{12.2}$$
は, $y = x'$ とおくと
$$y' = x'' = -kx \iff \begin{cases} x' = y \\ y' = -kx \end{cases} \tag{12.3}$$

すなわち

$$\frac{d}{dt}\left[\begin{array}{c} x(t) \\ y(t) \end{array}\right] = \left[\begin{array}{cc} 0 & 1 \\ -k & 0 \end{array}\right]\left[\begin{array}{c} x(t) \\ y(t) \end{array}\right] \quad (12.4)$$

という自励系になる．これは第7章や第10章の方法でも解けるが，直接 $(x(t), y(t))$ の解曲線を求めることができる．

$$kx(t)x'(t) + y(t)y'(t) \stackrel{(12.3)}{=} kx(t)y(t) - kx(t)y(t) = 0$$

$$\therefore \quad \frac{1}{2}\frac{d}{dt}(kx^2(t) + y^2(t)) = 0 \quad (12.5)$$

よって

$$kx^2(t) + y^2(t) = C \quad (12.6)$$

$C \geq 0$ なら，解曲線は楕円 ($C = 0$ なら1点) と分かる (図 12.1).

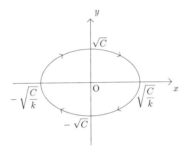

図 **12.1** (12.3) の解曲線

第1象限では $y = x' > 0$ だから，$\mathbf{x}(t) = (x(t), y(t))$ はそこで時計回りに動く．他の象限でも同じように動くことが分かる．

注意 12.1.2 (1) 方程式 (12.3) の解は具体的に三角関数を用いて表すことができたが，ここではその表示を用いずに解曲線 (12.6) を求めている．
(2) 図 12.1 は，バネの運動における以下のことを含んでいる．

振幅： $|x| \leq \sqrt{\dfrac{C}{k}}$

振れが最大のとき 速度0： $|x| = \sqrt{\dfrac{C}{k}} \implies |x'| = 0$

振れが最小のとき 速度最大： $|x| = 0 \implies |x'| = \sqrt{C}$

(3) 方程式 (12.3) の平衡点は,原点 $\mathbf{p} = \mathbf{0}$ のみである.一方解曲線 (12.6) は $C > 0$ なら閉曲線で,原点を含まない.よって定理 12.1.1(3) を認めれば,解は周期的である.

問題 12.1.1 上の注意の (1) (2) (3) を確認せよ.また,(12.3) の解を具体的に求めて比較せよ.

例 12.1.3 質量 m のおもりを吊るした長さ l の振り子を考える (図 12.2).おもりの位置を表す角度を x,重力加速度を g とすると

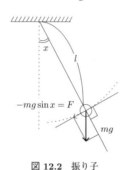

図 12.2 振り子

$$mlx'' = F = -mg\sin x$$

$k = g/l$ とおくと

$$x'' + k\sin x = 0 \tag{12.7}$$

$|x|$ が十分小 (振り子の振幅が小) ならば $\sin x \fallingdotseq x$ と考えられ,近似として

$$x'' + kx = 0$$

(単振動の方程式,(12.2)) を得る.(12.3) と同様に,$y = x'$ とおけば

$$(12.7) \iff \begin{cases} x' = y \\ y' = -k\sin x \end{cases} \tag{12.8}$$

となり,(12.8) は自励系である.$y(t) = x'(t)$ を掛けた式を作ると

$$y(t)y'(t) + kx'(t)\sin x(t) = 0$$

これは (12.5) と同様に積分できるから,解 $(x(t), y(t))$ は次を満たす.

$$\frac{1}{2}y(t)^2 - k\cos x(t) = C \text{ (定数)} \tag{12.9}$$

(12.9) は，エネルギーの保存則

$$(運動エネルギー) + (位置エネルギー) = 一定$$

を表している．(12.9) が定める xy 平面での解曲線の様子は，13.2 節で調べる．

注意 12.1.3 (1) 例 12.1.2 の単振動 (12.2) と同様に，$y = x'$ とおいて 2 階単独微分方程式 (12.7) を 1 階連立微分方程式 (12.8) で表した．これにより，解は xy 平面上に解曲線を描く．自励系の名は上のような物理学の例に由来し，解が表される xy 平面は**相空間** (phase space) といわれる．

(2) (12.7) の解も，楕円関数という特殊関数を使うと表せる (注意 13.2.1).

12.2 第 1 積分あるいは保存量

このように，解を具体的に求めなくても，解の挙動を知ることができる場合がある．この節では，その手掛かりとなる考え方を紹介する．

定義 12.2.1 自励系 (12.1) に対し，恒等的に定数ではない関数 $E(x, y)$ で

$$\frac{dE(x(t), y(t))}{dt} = E_x x' + E_y y' = 0 \tag{12.10}$$

を満たすものがあるとき，(12.1) の E を**第 1 積分** (first integral) もしくは**保存量** (conserved quantity) という．

問題 12.2.1 例 12.1.2 では

$$E(x, y) = \frac{1}{2}y^2 + \frac{k}{2}x^2$$

が第 1 積分である．これを確かめよ．また，(12.9) との関係を考えよ．

第 1 積分があるとき，解 $(x(t), y(t))$ は「$E = $ 一定」で定まる集合上を動き，この条件が解曲線を定めると考えられる．一方第 5 章では，完全形のときに，2 変数関数 $F(x, y)$ を作り，「$F = $ 一定」という形で解曲線を求めた．そこで，完全形に方程式を書き換えられれば，第 5 章の F の作り方で第一積分 E が得られると考えられる．(12.1) の解について，$x'(t) \neq 0$ なら

$$\frac{dy}{dx} = \frac{y'}{x'} = \frac{f_2(x,y)}{f_1(x,y)} \quad \left(\mathbf{f} = \begin{bmatrix} f_1 \\ f_2 \end{bmatrix} \right)$$

であり，したがって

$$f_2\bigl(x(t),y(t)\bigr)\,dx - f_1\bigl(x(t),y(t)\bigr)\,dy = 0 \tag{12.11}$$

であることに注意する．これは，第 5 章で学んだ微分方程式の形である．

定理 12.2.1 ((12.1) の第 1 積分) (12.11) に適切な積分因子 λ を掛けた

$$(\lambda f_2)(x,y)\,dx - (\lambda f_1)(x,y)\,dy = 0 \tag{12.12}$$

が完全形の方程式となり ($\lambda \equiv 1$ でも良い)，$\lambda f_1, \lambda f_2$ は考えている領域で C^1 級と仮定する．このとき

$$E(x,y) = \int_{x_0}^{x} (\lambda f_2)(s,y)\,ds - \int_{y_0}^{y} (\lambda f_1)(x_0,t)\,dt \tag{12.13}$$

(x_0, y_0 は任意の始点) は (12.1) の第 1 積分である．

証明 完全性の必要十分条件 $(\lambda f_2)_y = -(\lambda f_1)_x$ により，(12.12) は 解 (12.13) を持つ．よって (12.7) が成り立つ．すなわち

$$\frac{dE(x(t),y(t))}{dt} = (\lambda f_2)(x(t),y(t))\frac{dx}{dt}(t) - (\lambda f_1)(x(t),y(t))\frac{dy}{dt}(t) = 0 \quad \square$$

系 12.2.1 (12.1) において

$$\frac{f_2(x,y)}{f_1(x,y)} = \frac{g_2(x)}{g_1(y)} \quad (g_1(y) \neq 0)$$

となる g_1 と g_2 があれば，第 1 積分は次で与えられる．

$$E(x,y) = \int_{x_0}^{x} g_2(s)\,ds - \int_{y_0}^{y} g_1(t)\,dt$$

問題 12.2.2 積分因子 (第 6 章) について復習し，上の系を示せ．

問題 12.2.3 (1) $D_x = \frac{d}{dx}$ とする．実数値関数 $x(t)$ の微分方程式

$$x'' = -D_x U(x(t)) \tag{12.14}$$

の解について
$$E = \frac{1}{2}x'(t)^2 + U(x(t))$$
が第 1 積分であることを確かめよ．U はポテンシャル (potential) と呼ばれる．

(2) (12.14) を，$y = x'$ として，自励系 $\dfrac{d}{dt}\begin{bmatrix}x\\y\end{bmatrix} = \begin{bmatrix}y\\-D_xU(x)\end{bmatrix}$ と見る．同値

$$(12.14) \iff D_xU(x)dx + ydy = 0$$

を確かめ，これが完全形であることを示せ．さらに第 1 積分を，定理 12.2.1 にしたがい再構成せよ．

12.3 例：ロトカ–ボルテラ方程式*

第 1 積分によって解の概容が分かる場合を，例で見てみよう．

定義 12.3.1 $\alpha, \beta, \gamma, \delta$ は正のパラメーターとする．平面の点 $\begin{bmatrix}x(t)\\y(t)\end{bmatrix}$ の方程式

$$\begin{cases} x' = x(\alpha - \beta y) \\ y' = -y(\gamma - \delta x) \end{cases}$$

をロトカ–ボルテラ方程式 (Lotka–Volterra equation) という．

以下では簡単のため，パラメーターをすべて 1 とした

$$\begin{cases} x' = x(1 - y) \\ y' = -y(1 - x) \end{cases} \tag{12.15}$$

を考えることにする．

注意 12.3.1 (1) 初期値が $x_0 > 0, y_0 > 0$ のとき，(12.15) の解は $x(t) > 0, y(t) > 0$ となることが分かるので，以下この範囲で方程式を考える．

(2) この方程式は，生物学において被捕食者 (食べられるもの) の個体数 x と捕食者 (食べるもの) の個体数 y の時間的変化を表している．ここで，

- 個体あたりの被捕食者の変化量 x'/x は，多くの子供を産むと仮定して自然増により $+\alpha$，捕食者 (食べられる相手) がいると減るので $-\beta y$ とおき，あわせて $\alpha - \beta y$ と考え，

- 個体あたりの捕食者の変化量 y'/y は，子供はほとんど産まず，自然には減少すると考え $-\gamma$，被捕食者 (食べ物) があると増え，それは δx にしたがうとし，あわせて $-\gamma + \delta x$ と考えたモデルである．

定理 12.3.1 第1象限 $x > 0, y > 0$ でロトカ–ボルテラ方程式 (12.15) を考えるとき，その第1積分 E は次で与えられる．

$$E(x,y) = -\log x - \log y + x + y \tag{12.16}$$

証明 $\dfrac{dy}{dx} = -\dfrac{y(1-x)}{x(1-y)}$ より

$$\left(\frac{1}{x} - 1\right)dx + \left(\frac{1}{y} - 1\right)dy = 0 \tag{12.17}$$

である．これを積分して求める E を得る． □

問題 12.3.1 実際に積分を実行し，(12.16) を求めよ．あるいは，(12.16) が (12.17) の解であることを確かめよ．

これで準備が整った．(12.15) の解曲線上，第1積分 $E = C$ (定数) となることを使って，解の概略を調べてみる．便利のため，

$$X = x - \log x, \quad Y = y - \log y$$

とおく．$x > 0$ における X のグラフは次のようになり，Y も同様である．

解曲線の条件 $E(x,y) = C$ (定数) は

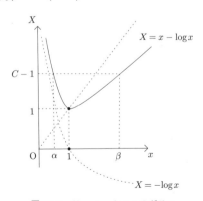

図 **12.3** $X = x - \log x$ のグラフ

$$X + Y = C \quad (\text{定数})$$

で表される．また，第 1 象限における平衡点 $(x,y) = (1,1)$ は，$(X,Y) = (1,1)$ を満たす．図 12.3 より $1 \leq X < \infty, 1 \leq Y < \infty$ より

・$C < 2$ のとき，それを満たす (X,Y) はない．

・$C = 2$ のとき，$(X,Y) = (1,1)$ に限る．

そして $C > 2$ のとき，次のようにして解曲線を描くことができる．

定理 12.1.1 (3) より，平衡点 $(1,1)$ を通らなければ解は周期的になることを思い出そう．

Step 1 $1 \leq X, 1 \leq Y, X + Y = C$ より，図 12.4 を参考にすると，X が 1 から $C-1$ まで動くとき，Y は $C-1$ から 1 まで動くことが分かる．

Step 2 図 12.3 を参考にすると，2 つの正の数 $\alpha < 1 < \beta$ があって，$C - 1 = \alpha - \log \alpha = \beta - \log \beta$ となる．

よって，X が 1 から $C-1$ まで変化するとき，x は 1 から α までと 1 から β まで変化する．

このとき，Y は $C-1$ から 1 まで変化するが，X に対応して x が変化するそれぞれの場合に，y は α から 1 までと β から 1 まで変化する．したがって，x と y は 4 通りの動き方をし，解曲線は図 12.5 のようになる．

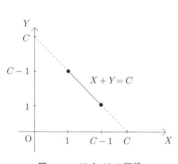

図 **12.4** X と Y の関係

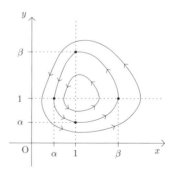

図 **12.5** (12.15) の解曲線

Step 3 最後に解曲線上の解の動きについて調べる．(12.15) の右辺に着目して第 1 象限を 4 つに分け，各々での (x', y') を調べる．解曲線の接ベクトルの向きは 表 12.1 のようになり，解は解曲線上を反時計回りに動くことが分かる．

表 12.1

(x, y)	$(x'\ y')$
$1 < x,\ 1 < y$	$(-\ +)$
$0 < x < 1,\ 1 < y$	$(-\ -)$
$0 < x < 1,\ 0 < y < 1$	$(+\ -)$
$1 < x,\ 0 < y < 1$	$(+\ +)$

注意 12.3.2 ロトカ–ボルテラ方程式は，第 1 次世界大戦中にイタリア人の生態学者ダンコナ (D'Ancona) よって発見された．この場合，捕食動物はアドリア海のサメであり，被捕食者はその餌である．このモデルについてダンコナは，当時第一線の数学者として広く知られていたイタリア人ヴォルテラに相談した．その後この形の方程式は，アメリカ人の化学者ロトカによって研究されていたことが分かったため，ロトカ–ボルテラの名で呼ばれるようになった．

こうやって見ると，ダンコナが少し可哀想である．

章末問題 12

12.1 ファン・デル・ポール方程式 (van der Pol equation, 例 1.1.1) を考える.
$$x'' + \mu(x^2 - 1)x' + x = 0 \quad (\mu \text{ は正の定数})$$

(1) $y = x'$ とおいて 1 階連立微分方程式に書き換えよ.
(2) 書き換えた方程式を, $\mathbf{x} = (x, y)$ として
$$\mathbf{x}' = \mathbf{f}(\mathbf{x})(= (f_1(\mathbf{x}), f_2(\mathbf{x}))) \tag{12.18}$$
とおくとき, 平衡点 ($\mathbf{f}(\mathbf{p}) = \mathbf{0}$ となる点 $\mathbf{p}$) を求めよ.
(3) $x'x + y'y = f_1(\mathbf{x})x + f_2(\mathbf{x})y$ を計算し, 次を示せ.
$$\frac{1}{2}\frac{d}{dt}\|\mathbf{x}\|^2 = \mu(1 - x^2)y^2 \quad (\|\mathbf{x}\|^2 = x^2 + y^2)$$
(4) すべての t に対し
$$\|\mathbf{x}(t)\|^2 \leq \|\mathbf{x}(0)\|^2 e^{2\mu t}$$
となることを示せ.

12.2 ダッフィング方程式 (Duffing equation)
$$x'' + ax' + bx + cx^3 = 0 \quad (a, b \text{ は定数})$$
について考える.

(1) $y = x'$ とおいて 1 階連立微分方程式に書き換えよ.
(2) 以下では $a = 0$, $b = c = 1$ とする. 書き換えた方程式を $\mathbf{x} = (x, y)$ として
$$\mathbf{x}' = \mathbf{f}(\mathbf{x})(= (f_1(\mathbf{x}), f_2(\mathbf{x}))) \tag{12.19}$$
とおくとき, 平衡点 ($\mathbf{f}(\mathbf{p}) = \mathbf{0}$ となる点 $\mathbf{p}$) を求めよ.
(3) (12.19) の第 1 積分を求めよ.
(4) この方程式の解曲線の概形を描け.

注意 12.4.1 ファン・デル・ポール方程式, ダッフィング方程式ともに, 非線形力学では有名な方程式である. この解の多くは, カオス (chaos) と呼ばれる複雑な動きをする (俣野[5, p.130 3.8節, p.146 付録3] など参照).

Chapter 13

平衡点のまわりでの解の挙動

平面の点 $\mathbf{x} = \mathbf{x}(t)$ の自励系の方程式 (12.1)

$$\begin{cases} \mathbf{x}'(t) = \mathbf{f}(\mathbf{x}(t)) & (t \text{ は実数}) \\ \mathbf{x}(0) = \mathbf{x}_0 \end{cases}$$

を，平衡点 $\mathbf{p}$ ($\mathbf{f}(\mathbf{p}) = \mathbf{0}$ となる点) のまわりで考察する．$\mathbf{f}$ は C^2 級とする．

13.1 線形化

平衡点 $\mathbf{p} = \begin{bmatrix} p \\ q \end{bmatrix}$ のまわりで $\mathbf{u} = \mathbf{x} - \mathbf{p} = \begin{bmatrix} u \\ v \end{bmatrix}$ とおく．

$$A = \begin{bmatrix} \dfrac{\partial f_1}{\partial x}(\mathbf{p}) & \dfrac{\partial f_1}{\partial y}(\mathbf{p}) \\ \dfrac{\partial f_2}{\partial x}(\mathbf{p}) & \dfrac{\partial f_2}{\partial y}(\mathbf{p}) \end{bmatrix} \tag{13.1}$$

とすれば，2 変数関数のテイラー展開は

$$\mathbf{f}(\mathbf{p} + \mathbf{u}) = \mathbf{f}(\mathbf{p}) + A\mathbf{u} + \mathbf{g}(\mathbf{u}) = A\mathbf{u} + \mathbf{g}(\mathbf{u}) \tag{13.2}$$

と書ける．ただし $\mathbf{g}$ は u, v の 2 次以上の項を表す．$\mathbf{f}$ は C^2 だから定数 $C > 0$ が存在して

$$\|\mathbf{g}(\mathbf{u})\| \leq C\|\mathbf{u}\|^2 \quad (\|\mathbf{u}\| < r : \text{十分小})$$

が成り立つ．

$$\mathbf{x}' = \mathbf{f}(\mathbf{p} + \mathbf{u}) = A\mathbf{u} + \mathbf{g}(\mathbf{u})$$

となるから

$$(12.1) \iff \begin{cases} \mathbf{u}' = A\mathbf{u} + \mathbf{g}(\mathbf{u}) & (t \in \mathbb{R}) \\ \mathbf{u}(0) = \mathbf{x}_0 - \mathbf{p} \end{cases} \tag{13.3}$$

である．

13.1 線形化

定義 13.1.1 (線形化方程式) (13.3) に対し,右辺の 1 次の項だけをとった

$$\begin{cases} \mathbf{u}' = A\mathbf{u} & (t \in \mathbb{R}) \\ \mathbf{u}(0) = \mathbf{x}_0 - \mathbf{p} \end{cases} \tag{13.4}$$

という定数係数線形方程式を,(12.1) の $\mathbf{p}$ における**線形化方程式** (linearized equation),(12.1) から (13.4) を求めることを**線形化** (linearization) という.

線形化の目的は,方程式 (12.1) の解を (13.4) の解で近似することである.

例 13.1.1

$$\mathbf{x} = \begin{bmatrix} x \\ y \end{bmatrix}, \quad \mathbf{f}(\mathbf{x}) = \begin{bmatrix} f_1(x,y) \\ f_2(x,y) \end{bmatrix} = \begin{bmatrix} (x^2+1)(x+y) \\ x^2 - y^2 - 2y \end{bmatrix} \tag{13.5}$$

の場合に,$\mathbf{x}' = \mathbf{f}(\mathbf{x})$ の平衡点は原点 $\mathbf{p} = (0,0)$ のみであることを示し,原点のまわりでの線形化方程式を求める.

解 Step 1 原点のみが方程式の平衡点であることを示す.条件は $f_1 = f_2 = 0$ である.$f_1 = 0$ より $y = -x$.$f_2 = -2y = 0$ より,$x = y = 0$ となる.
Step 2 $(0,0)$ における線形化方程式を求める.f_1, f_2 のテイラー展開を

$$\begin{cases} f_1(x,y) = f_1(0,0) + f_{1,x}(0,0)\, x + f_{1,y}(0,0)\, y + g_1(x,y) \\ f_2(x,y) = f_2(0,0) + f_{2,x}(0,0)\, x + f_{2,y}(0,0)\, y + g_2(x,y) \end{cases}$$

と書く.g_1, g_2 は 2 次以上の項である.

$$\begin{cases} f_{1,x} = 3x^2 + 1 + 2xy, \quad f_{1,y} = x^2 + 1 \\ f_{2,x} = -2x, \quad\quad\quad\quad\quad f_{2,y} = -2y - 2 \end{cases}$$

であるから,$\mathbf{p} = (0,0)$ において

$$\begin{cases} f_{1,x}(0,0) = 1, \quad f_{1,y}(0,0) = 1 \\ f_{2,x}(0,0) = 0, \quad f_{2,y}(0,0) = -2 \end{cases}$$

となる.よって線形化方程式は

$$\mathbf{x} = \begin{bmatrix} x \\ y \end{bmatrix}, \quad A = \begin{bmatrix} 1 & 1 \\ 0 & -2 \end{bmatrix} \quad \text{により} \quad \frac{d\mathbf{x}}{dt} = A\mathbf{x} \tag{13.6}$$

となる.

Step 3 最後に誤差項 $\mathbf{g}(\mathbf{x})$ の大きさの評価をしておく.

$$\mathbf{g}(\mathbf{x}) = \begin{bmatrix} g_1(\mathbf{x}) \\ g_2(\mathbf{x}) \end{bmatrix} = \mathbf{f}(\mathbf{x}) - A\mathbf{x} = \begin{bmatrix} x^2(x+y) \\ x^2 - y^2 \end{bmatrix}$$

である.

$$g_1^2 + g_2^2 = x^4(x+y)^2 + (x^2-y^2)^2 = \{x^4 + (x-y)^2\}(x+y)^2$$

であり, $\|\mathbf{x}\| = \sqrt{x^2+y^2} \leq r$ とすると

$$(x \pm y)^2 \leq x^2 + y^2 + 2\sqrt{x^2 y^2} \leq x^2 + y^2 + 2\frac{x^2+y^2}{2} \leq 2r^2$$

であるから, $r \leq 1$ のとき以下が成り立つ.

$$\|g(\mathbf{x})\|^2 = g_1^2(\mathbf{x}) + g_2^2(\mathbf{x}) \leq (r^4 + 2r^2)2r^2 < 6r^2 \qquad \square$$

平衡点のまわりでの解の挙動に関する定理を証明なしに述べる. 詳細は高橋[3, 4.2節]を参照せよ.

定理 13.1.1 方程式 (12.1) を考える. $\mathbf{p}$ をその平衡点とし, A を (13.1) で定める. ある正の数 C, r があって, $\mathbf{g}(\mathbf{u}) = \mathbf{f}(\mathbf{p}+\mathbf{u}) - A\mathbf{u}$ について

$$\|\mathbf{g}(\mathbf{u})\| \leq C\|\mathbf{u}\|^2 \qquad (\|\mathbf{u}\| \leq r \text{ のとき}) \tag{13.7}$$

とすれば, 次が成り立つ.

(1) A の固有値がともに実部が負のとき, 任意の解が次を満たす.

$$\mathbf{x}(t) \to \mathbf{p} \quad (t \to +\infty)$$

(2) A の固有値がともに実部が正のとき, $0 < \|\mathbf{x}(0) - \mathbf{p}\| < r$ を満たす初期値 $\mathbf{x}(0)$ に対し, 十分大きな t では $\|\mathbf{x}(t) - \mathbf{p}\| \geq r$ となる.

(3) A が正の固有値 λ_+ と負の固有値 λ_- を持つとし, 対応する固有ベクトルを $\mathbf{v}_+, \mathbf{v}_-$ とおく. すると (12.1) ($\Longleftrightarrow$ (13.3)) の2つの解 $\mathbf{x}_\pm$ で $\mathbf{p}$ において $\mathbf{v}_\pm$ に接するものがあり, 次が成り立つ.

$$\lim_{t \to \mp\infty} \mathbf{x}_\pm(t) = \mathbf{p}$$

問題 13.1.1 例 13.1.1 において，定理 13.1.1 のどの場合が起こるかを考察せよ．

13.2 振り子の場合

振り子の方程式 (例 12.1.3)
$$x'' + k\sin x = 0 \quad (k > 0) \tag{13.8}$$
を改めて考察しよう．$y = x'$ とおくと
$$\frac{d}{dt}\begin{bmatrix} x \\ y \end{bmatrix} = \begin{bmatrix} y \\ -k\sin x \end{bmatrix} \tag{13.9}$$
と表せる．(13.9) の解曲線と，平衡点での挙動を調べてみる．

<u>Step 1</u> **第 1 積分 E を求める** $x' \neq 0$ なる点で
$$\frac{dy}{dx} + \frac{k\sin x}{y} = 0 \quad \text{すなわち} \quad k\sin x\, dx + y\, dy = 0$$
これより
$$E = -k\cos x + \frac{y^2}{2} \tag{13.10}$$
が第 1 積分となることが分かる ((12.9) 式参照)．

<u>Step 2</u> **解曲線を求める** (13.10) より，$\begin{bmatrix} x(t) \\ y(t) \end{bmatrix}$ が (13.9) の解なら
$$-k\cos x + \frac{y^2}{2} = E \quad (E \text{ は定数})$$
これが解曲線の方程式である．$E = kC$ とおくと
$$y^2 = 2k(C + \cos x) \tag{13.11}$$
と書ける．

- $C < -1$ の場合，$y^2 \geq 0$ より (13.11) を満たす (x, y) は存在しない．
- $C = -1$ の場合，(13.11) を満たす (x, y) は $(2n\pi, 0)$ (n は整数) のみ．

- $-1 < C < 1$ の場合,$y = \pm\sqrt{2k(C + \cos x)}$ である.よって θ_0 を

$$0 < \theta_0 < \pi, \quad C + \cos\theta_0 = 0$$

なるものとすると,x は $2n\pi - \theta_0 < x < 2n\pi + \theta_0$ (n は整数) を動く.

- $C \geq 1$ の場合,$y = \pm\sqrt{2k(C + \cos x)}$ であり,x はすべての実数を動く.

<u>Step 3</u> **平衡点での挙動** 平衡点 (x, y) は,(13.9) の右辺 $= 0$ より

$$(2n\pi, 0), \quad ((2n+1)\pi, 0) \quad (n \text{ は整数}) \tag{13.12}$$

である.各点での線形化を考える.

(i) $(2n\pi, 0)$ のとき

$$\begin{bmatrix} 0 & 1 \\ -k\cos x & 0 \end{bmatrix}_{(2n\pi, 0)} = \begin{bmatrix} 0 & 1 \\ -k & 0 \end{bmatrix} (= P_+ \text{ とおく})$$

したがって,線形化方程式は

$$\frac{d\mathbf{u}}{dt} = P_+ \mathbf{u} \tag{13.13}$$

となる.P_+ の固有値は $\pm i\sqrt{k}$ であり,定理 10.3.1 (2) を使うと (13.13) の解を求めることができる.

(ii) $((2n+1)\pi, 0)$ のとき

$$\begin{bmatrix} 0 & 1 \\ -k\cos x & 0 \end{bmatrix}_{((2n+1)\pi, 0)} = \begin{bmatrix} 0 & 1 \\ k & 0 \end{bmatrix} (= P_- \text{ とおく})$$

したがって,線形化方程式は

$$\frac{d\mathbf{u}}{dt} = P_- \mathbf{u} \tag{13.14}$$

となる.P_- の固有値は $\pm\sqrt{k}$ であり,定理 10.3.1 (1) を使うと (13.14) の解を求めることができる.

(i), (ii) と定理 13.1.1 (3) より,解 $(x(t), y(t))$ は解曲線上を図 13.1 のように動くことになる.$x' = y$ を思い出すと,周期解は時計回りに進むことが分かる.

平衡点はそれぞれ,(i) は振り子が最下点付近で小さく振動する場合に,(ii) は,振り子が最高点から左右どちらかに向けて落下しはじめる場合にあたる.

問題 13.2.1 (13.8) において,速度に比例した空気抵抗がある場合を考える.

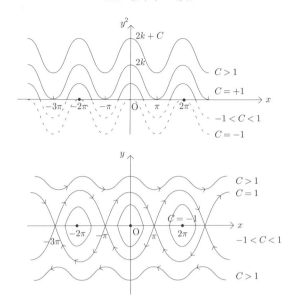

図 13.1 振り子の方程式 (13.9) の相空間における解曲線

$$x'' + cx' + k\sin x = 0 \quad (k, c > 0) \tag{13.15}$$

(1) $y = x'$ として (13.15) を連立 1 階方程式とし，臨界点を求めよ．

(2) $(0,0)$ における線形化方程式は次で与えられることを示せ．

$$\frac{d}{dt}\begin{bmatrix} x \\ y \end{bmatrix} = A\begin{bmatrix} x \\ y \end{bmatrix},\ A = \begin{bmatrix} 0 & 1 \\ -k & -c \end{bmatrix}$$

(3) (2) の A の固有値を求め，$(0,0)$ における解の挙動を調べよ．

注意 13.2.1 保存量の式 (13.10) を変形すると $y = \pm\sqrt{2E + 2k\cos x}$ となり，$y = dx/dt$ であったから，これは変数分離形の方程式である．

$$\pm\frac{dx}{\sqrt{2E + 2k\cos x}} = dt \tag{13.16}$$

いま近似として，x が小さいとすれば，$\cos x \fallingdotseq 1 - \frac{x^2}{2}$ により

$$\pm\frac{dx}{\sqrt{2(E+k)}\sqrt{1 - \frac{k}{2(E+k)}x^2}} = dt$$

$$\therefore\ \int^x \frac{dx}{\sqrt{1 - \frac{k}{2(E+k)}x^2}} = \pm\sqrt{2(E+k)}\,t + C \quad (C \text{ は定数}) \tag{13.17}$$

を得る．左辺は $\sqrt{\frac{k}{2(E+k)}}x = \sin s$ と変数変換すれば積分できて，結果は

$$\frac{1}{\sqrt{k}}(s+C) = \pm t \quad (\text{定数 } C \text{ は取り替えた})$$

∴ $s = \pm\sqrt{k}t - C$．必要なら C を取り替え，$x = \pm\sqrt{\frac{2(E+k)}{k}}\sin(\sqrt{k}t+C)$ を得る．
(13.17) は t が x で決まる式だが，その逆関数 $x = x(t)$ として三角関数が得られた．

(13.16) の場合，$\cos x = 1 - 2\sin^2\frac{x}{2}$ なので，$X = 2\sin\frac{x}{2}$ とすれば

$$\frac{dx}{dt} = \pm\sqrt{2E + 2k(1 - 2\sin^2\frac{x}{2})} = \pm\sqrt{2E + 2k(1 - \frac{X^2}{2})}$$

$dX = \cos\frac{x}{2}\,dx = \pm\sqrt{1-(\frac{X}{2})^2}\,dx$ より，$dx = \pm dX/\sqrt{1-X^2/4}$ であり

$$\frac{dX}{\sqrt{(2(E+k)-kX^2)(1-X^2/4)}} = \pm dt$$

$$\therefore \int^X \frac{dX}{\sqrt{\left(1-\frac{k}{2(E+k)}X^2\right)(1-X^2/4)}} = \pm\sqrt{2(E+k)}\,t + C \quad (13.18)$$

を得る．今度は被積分関数が 4 次式の平方根を含み，既知の積分にできないことが知られている．しかし，t で X が決まると見て関数 $X = X(t)$ を定義できる．こうして得られるのが**楕円関数** (elliptic function) であり，18 世紀に発見された．楕円の弧の長さに類似の積分が現れることからこの名がある．これらについては竹内[34]を参照．

問題 13.2.2 $a, b > 0$ とする．楕円 $\left(\frac{x}{a}\right)^2 + \left(\frac{y}{b}\right)^2 = 1$ の 2 点 $P(0,b)$，$Q(aX, b\sqrt{1-X^2})$ 間の弧長は ($X = x/a$ とおくことで)

$$PQ = \int_{PQ}\sqrt{(dx)^2+(dy)^2} = a\int_0^X \sqrt{\frac{1-(1-b^2/a^2)u^2}{1-u^2}}\,du$$

よって周の長さは $4a\int_0^1 \sqrt{\frac{1-(1-b^2/a^2)u^2}{1-u^2}}\,du$ となる．これらを示せ．

章末問題 13

13.1 次の自励系の微分方程式 a) と b) について，(1)〜(5) を考察せよ．
(1) 平衡点をすべて求めよ．
(2) 平衡点における線形化方程式を求めよ．
(3) それぞれの線形化方程式の解の挙動を調べよ．
(4) 第 1 積分を求めよ．
(5) 解曲線の概形を調べよ．

$$\text{a)} \begin{cases} x' = y^2 \\ y' = (x^2 - 1)xy \end{cases} \qquad \text{b)} \begin{cases} x' = -xy \\ y' = xy - y \end{cases}$$

13.2 注意 13.2.1 の (13.18) において変数をおき直し，積分

$$\int^x \frac{du}{\sqrt{(1 - \kappa^2 u^2)(1 - u^2)}} = t(x) \tag{13.19}$$

を考える．x の関数 $t(x)$ が逆関数 $x = x(t)$ を持てば，$x(t)$ は次の微分方程式を満たすことを示せ

$$x'(t)^2 = (1 - \kappa^2 x(t)^2)(1 - x(t)^2) \tag{13.20}$$

また，$\kappa^2 = 0$ ならば，$x(t)$ は三角関数となることを示せ．

注意 13.3.1 章末問題 13.1 b の方程式は，次の方程式の特別な場合である[9]．

$$\begin{cases} x' = -\beta xy \\ y' = \beta xy - \gamma y \end{cases}$$

これは，カーマック–マッケンドリックモデル (Kermack–Mckendrick model) と呼ばれ，伝染病のダイナミクスのモデルとして知られる．x, y はそれぞれ未感染者と感染者の全人口比，β は感染率，γ は回復率と呼ばれる正の定数である．

Chapter 14

級　数　解

14.1 べ き 級 数

定義 14.1.1 t_0 を実数とする．$t - t_0$ のべき級数 (power series) とは，

$$a_0 + a_1(t-t_0) + a_2(t-t_0)^2 + \cdots + a_n(t-t_0)^n + \cdots = \sum_{n=0}^{\infty} a_n(t-t_0)^n \quad (14.1)$$

という形の無限和をいう．$t = t_0$ を中心とするべき級数ともいう．

べき級数で表される微分方程式の解を**級数解** (series solution) という．

注意 14.1.1 べき級数の**収束** (converge)，**発散** (diverge) は，部分和

$$S_n(t) = \sum_{k=0}^{n} a_k(t-t_0)^k \quad (n = 1, 2, \ldots)$$

の列 $\{S_n\}_{n=1,2,\ldots}$ の $n \to \infty$ での収束，発散で定義する．一般に

$$\sum_{k=0}^{n} |a_k||t - t_0|^k \quad (14.2)$$

が収束すれば，この t の値に対し (14.1) も収束する．このとき (14.1) は**絶対収束** (absolute convergence) するという．

(14.1) について，収束をとくに考えず各係数 $a_0, a_1, a_2, \ldots$ で決まる形式的な無限和として考えるときは，**形式的べき級数** (formal power series) と呼ぶ．

基本的な定理として次が成り立つ．

定理 14.1.1 べき級数

$$S(t) = \sum_{n=0}^{\infty} a_n(t-t_0)^n \quad (14.3)$$

に対し，次のような ρ $(0 \leq \rho \leq \infty)$ がただ1つ定まる．

$$\begin{cases} |t - t_0| < \rho \text{ のとき} & S(t) \text{ は絶対収束，かつ} \\ |t - t_0| > \rho \text{ のとき} & S(t) \text{ は発散} \end{cases}$$

この ρ を $S(t)$ の**収束半径** (radius of convergence) という．

注意 14.1.2 $\rho = 0$ は，$t = t_0$ のとき以外 (14.3) が収束しないことを，また $\rho = \infty$ は，すべての t で絶対収束することを意味する．$S(t)$ の収束半径は

$$\lim_{n \to \infty} \left| \frac{a_n}{a_{n+1}} \right| \tag{14.4}$$

が ∞ の場合も含めて存在すれば，この値と等しい（ダランベール d'Alembert の公式）．

以上については，付録 B を参照せよ．なお，収束半径上の点（$|t - t_0| = \rho$ である t）における収束発散は場合により異なる．例 14.1.1(4) を参照.

例 14.1.1 (1) （分数関数） $S_1 = 1 + t + t^2 + \cdots + t^n + \cdots$ の収束半径は，

$$\rho = \lim_{n \to \infty} \frac{1}{1} = 1$$

すなわち，$|t| < 1$ のとき S_1 は収束する．そして，

$$S_1 = \lim_{n \to \infty} \frac{1 - t^{n+1}}{1 - t} = \frac{1}{1 - t} \quad (|t| < 1)$$

である．

(2) （指数関数） $S_2 = 1 + \dfrac{t}{1!} + \dfrac{t^2}{2!} + \cdots + \dfrac{t^n}{n!} + \cdots$ の収束半径は，

$$\rho = \lim_{n \to \infty} \frac{1/n!}{1/(n+1)!} = \lim_{n \to \infty} (n+1) = \infty$$

すなわち，S_2 はすべての t で収束する．

(3) （対数関数） $S_3 = 1 + \dfrac{t}{1} + \dfrac{t^2}{2} + \cdots + \dfrac{t^n}{n} + \cdots$ の収束半径は，

$$\rho = \lim_{n \to \infty} \frac{1/n}{1/(n+1)} = 1$$

である．すなわち，S_3 は $|t| < 1$ で収束，$|t| > 1$ で発散する．

$$S_3 = 1 - \log(1 - t) \quad (|t| < 1 \text{ のとき}) \tag{14.5}$$

であることが，右辺をテイラー展開することで分かる．

(4) 収束半径上の点においては,

$$S_1(1) = \infty \text{ (発散)}, \quad S_1(-1) = 1 - 1 + 1 - \cdots \text{ (発散)}$$

同様に, $S_3(1) = 1 + \dfrac{1}{1} + \dfrac{1}{2} + \cdots + \dfrac{1}{n} + \cdots = \infty$ (発散)

$$S_3(-1) = 1 + \dfrac{(-1)}{1} + \dfrac{(-1)^2}{2} + \cdots + \dfrac{(-1)^n}{n} + \cdots = 1 - \log 2 \text{ (収束)}$$

問題 14.1.1 (1) $P(t) = 1 + 2t + 3t^2 + 4t^3 + \cdots$ の収束半径を求めよ.

(2) $Q(t) = \dfrac{1}{2t-3}$ について, $t=0$ でのべき級数表示と, その収束半径を求めよ. また, $t=2$ でのべき級数表示と, その収束半径を求めよ.

(3) (14.5) を確かめよ.

14.2 級数解の求め方

0 でない収束半径を持つ 2 つのべき級数 $\sum_{n=0}^{\infty} a_n(t-t_0)^n$ と $\sum_{n=0}^{\infty} b_n(t-t_0)^n$ が等しいことは, 係数がすべて等しいこと $a_n = b_n$ $(n=0,1,2,\ldots)$ と同値である. またべき級数の微分は, 各項を微分すればよく, それは同じ収束半径を持つことも分かる (付録 B). これらのことから, 与えられた微分方程式の級数解を, 係数を順に決めることで求めることができる.

例 14.2.1 次の 1 階方程式の $t=0$ を中心とする級数解を求める.

$$x'(t) + x(t) = 2t + 3 \tag{14.6}$$

解 $x(t) = a_0 + a_1 t + a_2 t^2 + \cdots + a_n t^n + a_{n+1} t^{n+1} + \cdots$ とおく.

$x'(t) = a_1 + 2a_2 t + 3a_3 t^2 + \cdots + n a_n t^{n-1} + (n+1) a_{n+1} t^n + \cdots$

であるから,

$$\begin{aligned}
(14.6) \iff x(t) + x'(t) &= a_0 + a_1 + (a_1 + 2a_2)t \\
&\quad + (a_1 + 3a_2)t^2 + \cdots \\
&\quad + (a_n + (n+1)a_{n+1})t^n + \cdots \\
&= 3 + 2t
\end{aligned} \tag{14.7}$$

(14.7) の係数を比較すると，

$(t$ に関し 0 次の項$)$ 　　$a_0 + a_1 = 3$

$(t$ に関し 1 次の項$)$ 　　$a_1 + 2a_2 = 2$

$(t$ に関し 2 次の項$)$ 　　$a_2 + 3a_3 = 0$

$\cdots$

$(t$ に関し n 次の項$)$ 　　$a_n + (n+1)a_{n+1} = 0 \quad (n \geq 2)$

ゆえに，
$$a_1 = 3 - a_0 = 2 + (1 - a_0) = 2 + \frac{(-1)}{1}(a_0 - 1)$$
$$a_2 = \frac{2 - a_1}{2} = \frac{a_0 - 1}{2} = \frac{(-1)^2}{2}(a_0 - 1)$$
$$a_3 = -\frac{1}{3}a_2 = -\frac{a_0 - 1}{3 \cdot 2} = \frac{(-1)^3}{3 \cdot 2}(a_0 - 1)$$
$$\cdots$$
$$a_{n+1} = -\frac{1}{n+1}a_n = \frac{(-1)^{n+1}}{(n+1)!}(a_0 - 1)$$

よって解は，　$x(t) = 1 + (a_0 - 1)$
$$+ \left(2 + \frac{-1}{1!}(a_0 - 1)\right)t$$
$$+ \frac{(-1)^2}{2!}(a_0 - 1)t^2 + \cdots$$
$$+ \frac{(-1)^n}{n!}(a_0 - 1)t^n + \cdots = 1 + 2t + (a_0 - 1)e^{-t} \quad \square$$

例 14.2.2 次の方程式の $t = 0$ を中心とする級数解を 3 次まで求める．

$$\begin{cases} x'(t) = t + x^2(t) \\ x(0) = 1 \end{cases} \tag{14.8}$$

解 $x(0) = 1$ であるから，次のようにおく．

$$x(t) = 1 + a_1 t + a_2 t^2 + a_3 t^3 + P(t)$$

ここで $P(t) = t^4(a_4 + a_5 t + \cdots)$ は $x(t)$ の 4 次以上の部分を表す．すると

$$x'(t) = a_1 + 2a_2 t + 3a_3 t^2 + P'(t) \quad (P'(t) は 3 次以上のべき級数)$$

$$\begin{aligned}
x^2(t) &= ((1 + a_1 t + a_2 t^2 + a_3 t^3) + P(t))^2 \\
&= (1 + a_1 t + a_2 t^2 + a_3 t^3)^2 \\
&\quad + 2(1 + a_1 t + a_2 t^2 + a_3 t^3)P(t) + P(t)^2 \quad (この行は 4 次以上) \\
&= 1 + 2a_1 t + (a_1^2 + 2a_2)t^2 + 2(a_3 + a_1 a_2)t^3 + Q(t)
\end{aligned} \tag{14.9}$$

ただし $Q(t)$ は 4 次以上のべき級数である. これらを (14.8) に代入すると,

$$\begin{aligned}
&a_1 + 2a_2 t + 3a_3 t^2 + P'(t) \\
&= 1 + (2a_1 + 1)t + (a_1^2 + 2a_2)t^2 + 2(a_3 + a_1 a_2)t^3 + Q(t)
\end{aligned}$$

係数を比較すると,

$$a_1 = 1$$
$$2a_2 = 2a_1 + 1 = 3 \quad \therefore \quad a_2 = \frac{3}{2}$$
$$3a_3 = 1 + \frac{2 \cdot 3}{2} = 4 \quad \therefore \quad a_3 = \frac{4}{3}$$

ゆえに, 解の 3 次までの形は次の通りである.

$$x(t) = 1 + t + \frac{3}{2}t^2 + \frac{4}{3}t^3 + P(t) \quad (P は 4 次以上) \tag{14.10}$$

例 14.2.3 (級数解が存在しない例)

$$tx'(t) = t + x(t) \tag{14.11}$$

の $t = 0$ を中心とする級数解は存在しない.

解 級数解が存在したとして, それを次のように書く.

$$x(t) = a_0 + a_1 t + a_2 t^2 + a_3 t^3 + \cdots + a_n t^n + \cdots$$

すると, $\quad x'(t) = a_1 + 2a_2 t + \cdots + n a_n t^{n-1} + \cdots$

$$\therefore \quad tx'(t) = a_1 t + 2a_2 t^2 + \cdots + n a_n t^n + \cdots$$

これが, $t + x(t) = a_0 + (a_1 + 1)t + a_2 t^2 + \cdots + a_n t^n + \cdots$ と等しい. t の係数比較より $a_1 = a_1 + 1$ を得るが, これは不可能. □

14.2 級数解の求め方

注意 14.2.1 (14.11) の一般解は次で与えられる.

$$x(t) = t(\log t + C) \quad (t > 0) \tag{14.12}$$

$t \log t$ が $t = 0$ でテイラー展開できないことが, $t = 0$ を中心とする級数解がない理由である.

問題 14.2.1 (1) (14.11) を求積法を用いて解き, (14.12) を導け.
(2) (14.11) の $t = 1$ における級数解を求めよ.

問題 14.2.2 (**2項展開**) $f(t) = (1-t)^{-\alpha} = \sum_{n=0}^{\infty} f_n t^n$ とする (α は実数).
(1) テイラー展開と見ると, $f_n = f^{(n)}(0)/n!$ である. 次を示せ.

$$f^{(n)}(0) = \alpha(\alpha+1)\cdots(\alpha+n-1) \quad (n = 1, 2, 3, \ldots) \tag{14.13}$$

右辺を $(\alpha)_n$ などで表し, ポホハンマー記号 (Pochhammer symbol) と呼ぶ. よって $f_n = (\alpha)_n/n!$ ($n = 0$ のとき $f_0 = 1$) である.
(2) $f(t)$ は, 微分方程式 $(1-t)f'(t) = \alpha f(t)$ を満たすことを示せ.
(3) (2) の方程式の級数解 $\sum_{n=0}^{\infty} f_n t^n$ で $t = 0$ で 1 となるものを求め, $f_n = (\alpha)_n/n!$ となることを示せ.
(4) 得られた級数解の収束半径を調べよ.

注意 14.2.2 (1) 上の問題の $(1-t)^{-\alpha}$ の展開を, $-\alpha$ が自然数でない場合にも 2 項展開 (binomial expansion) と呼ぶ.
(2) $t > 0$ の ν 乗は $t^\nu = e^{\nu \log t}$ で定義され, $(\log t)' = \frac{1}{t}$ より $(t^\nu)' = \nu t^{\nu-1}$ である. 上の問は, 逆にこれを微分方程式と見てべき乗を定義できることを示す. なお, ν が整数でないとき, t^ν は複素数 $t \neq 0$ の多価関数と見るのが自然である (付録 C 参照).

章末問題 14

14.1 次の方程式の $t=0$ における級数解 $x(t) = \sum_{n=0}^{\infty} a_n t^n$ を求めよ.
  (1) $x'(t) = t + 2tx(t)$
  (2) $(1+t)x'(t) = x(t) + t$
  (3) $(1-t^2)x''(t) - 2tx'(t) + 2x(t) = 0$

14.2 微分方程式
$$\begin{cases} x'(t) = x^2(t) - t^3 \\ x(0) = 1 \end{cases}$$
の点 $t=1$ のまわりのべき級数解を 4 次まで求めよ.

14.3 方程式 $x''(t) = -x(t)$ の $t=0$ における級数解を, 次の条件でそれぞれ求めよ.
  (1) $x(0) = 1, \quad x'(0) = 0$ (2) $x(0) = 0, \quad x'(0) = 1$

14.4 第 13 章の章末問題 13.2 で現れた微分方程式 (13.20)
$$x'(t)^2 = (1 - \kappa^2 x(t)^2)(1 - x(t)^2)$$
の $t=0$ におけるべき級数解で, 条件 $x(0) = 0, x'(0) = 1$ を満たすものがただ 1 つあることを示せ. [ヒント: $\kappa^2 = 0$ ならば, $\sin t$ が求めるものである. こうして得られる関数はヤコビ (Jacobi) の **sn** (エスエヌ) 関数と呼ばれ, $\sin$ に対応する楕円関数である.]

14.5 例 14.2.1 は, 左辺を $(D_t + 1)x(t)$ と見て, 8.3 節の演算子法によっても解くことができる: $x(t) = (1 + D_t)^{-1}(2t + 3)$ を計算して, 級数解を求めよ.

Chapter 15

線形方程式の正則点と確定特異点

第14章の級数解の方法を，線形の場合により詳しく，拡張しつつ調べる.

15.1 正 則 点

定義 15.1.1 2階同次線形微分方程式
$$x''(t) + P(t)x'(t) + Q(t)x(t) = 0 \tag{15.1}$$
について，$t = a$ で P, Q がともにテイラー展開できるならば，a を方程式 (15.1) の正則点 (regular point) という．

P と Q の $t = a$ におけるテイラー展開を次のようにおく．
$$P(t) = \sum_{k=0}^{\infty} P_k(t-a)^k, \qquad Q(t) = \sum_{k=0}^{\infty} Q_k(t-a)^k$$
これらは $|t - a| < R$ で収束し，$|t - a| \leq R$ で連続とする．

定理 15.1.1 $t = a$ を (15.1) の正則点とする．

(1) x_0, x_1 を定めると，次の形の級数解が1つ定まる．
$$x(t) = \sum_{k=0}^{\infty} x_k(t-a)^k \tag{15.2}$$

(2) (1) の級数解は $|t - a| < R$ で収束する．

したがって，(15.2) の形の解で解空間の基底がとれる．

証明 $a = 0$ としてよい．

(1) **係数 x_n が決まること** (15.1) を P_k, Q_k, x_k で表すと
$$\sum_{k=0}^{\infty} k(k-1)x_k t^{k-2} + \left(\sum_{l=0}^{\infty} P_l t^l\right)\left(\sum_{k=0}^{\infty} kx_k t^{k-1}\right) + \left(\sum_{l=0}^{\infty} Q_l t^l\right)\left(\sum_{k=0}^{\infty} x_k t^k\right)$$
$$= 0 \tag{15.3}$$

形式的に和の順序を変えて，左辺を t のべきでまとめると

$$Q_0 x_0 + P_0 x_1 + 2x_2$$
$$+ (Q_1 x_0 + Q_0 x_1 + P_1 x_1 + 2P_0 x_2 + 6x_3) t$$
$$+ (Q_2 x_0 + Q_1 x_1 + Q_0 x_2 + P_2 x_1 + 2P_1 x_2 + 3P_0 x_3 + 12x_4) t^2 + \cdots$$
$$+ \left(\sum_{j=0}^{k} Q_{k-j} x_j + \sum_{j=1}^{k+1} j P_{k+1-j} x_j + (k+2)(k+1) x_{k+2} \right) t^k + \cdots$$

これが 0 となることから，x_0 と x_1 を与えるごとに $x_2, x_3, \ldots$ は次で定まる．

$$x_2 = -\frac{1}{2}(Q_0 x_0 + P_0 x_1),$$
$$x_3 = -\frac{1}{6}(Q_1 x_0 + Q_0 x_1 + P_1 x_1 + 2P_0 x_2), \cdots,$$
$$x_n = -\frac{1}{n(n-1)} \sum_{j=0}^{n-1} (jP_{n-j-1} + Q_{n-j-2}) x_j \quad (n \geq 2) \tag{15.4}$$

ただし，$Q_{-1} = 0$ と約束する．

(2) **正則点における級数解の収束** (15.4) で決まる級数解 $x(t) = \sum_{n=0}^{\infty} x_n t^n$ が収束することを示そう．次を用いる．

> **補題 15.1.1** (定理 15.1.1 の逆，コーシーの評価式；付録 **D** 参照) 一般に，$y(t) = \sum_{n=0}^{\infty} y_n t^n$ が $|t| < R$ で絶対収束し，$|t| \leq R$ で連続のとき，$M > 0$ が存在して次が成り立つ．
>
> $$|y_n| < \frac{M}{R^n} \quad (n = 1, 2, \ldots)$$

そこで，$|P_n|, |Q_n| < M/R^n$ としてよい．(15.4) より

$$|x_n| \leq \frac{M}{n(n-1)} \sum_{j=0}^{n-1} \frac{j+R}{R^{n-j-1}} |x_j| \quad (= X_n \text{ とおく})$$

すると，$|x_n| \leq X_n$ より

$$\frac{n(n+1)}{M}X_{n+1} = \frac{n(n-1)}{MR}X_n + (n+R)|x_n|$$

$$\therefore \quad \frac{X_{n+1}}{X_n} = \frac{n(n-1) + MR(n+R)}{n(n+1)R} \xrightarrow{n \to \infty} \frac{1}{R}$$

$$\left|\sum_{n=0}^{\infty} x_n t^n\right| \leq \sum_{n=0}^{\infty} |x_n||t|^n \leq \sum_{n=0}^{\infty} X_n |t|^n < \infty \quad (|t| < R)$$

すなわち，$x(t) = \sum_{n=0}^{\infty} x_n t^n$ は $|t| < R$ で絶対収束する．

この範囲で広義一様収束となるから，命題 B.4 を使うと項別微分が許されることが分かる．ゆえに $x(t)$ は (15.1) を満たす． □

注意 15.1.1 $|x_n| < |X_n|$ $(n = 0, 1, 2, \ldots)$ である級数 $\sum_{n=0}^{\infty} X_n t^n$ を $\sum_{n=0}^{\infty} x_n t^n$ の**優級数** (majorant) といい，収束の議論でよく用いられる．

問題 15.1.1 方程式 $x'' = -x$ は定係数であるから，任意の点 $t = a$ は正則点である．$t = a$ における級数解を，次の条件でそれぞれ求めよ．

(1) $x(a) = 1, \quad x'(a) = 0$ (2) $x(a) = 0, \quad x'(a) = 1$

さらに，求めた 2 つの解が解空間の基底であることを示せ．

15.2 確定特異点

定義 15.2.1 方程式 (15.1)：$x''(t) + P(t)x'(t) + Q(t)x(t) = 0$ において，

$$P(t) = \frac{p(t)}{t-a}, \quad Q(t) = \frac{q(t)}{(t-a)^2} \tag{15.5}$$

とおく．$p(t), q(t)$ は $t = a$ でテイラー展開可能であるとする．このとき a は (15.1) の**確定特異点** (regular singular point) であるという．

(15.5) は，係数 P, Q の a における発散の度合いに条件をつけており

$$x''(t) + \frac{p(t)}{t-a}x'(t) + \frac{q(t)}{(t-a)^2}x(t) = 0 \tag{15.6}$$

$$\iff (t-a)^2 x''(t) + (t-a)p(t)x'(t) + q(t)x(t) = 0 \tag{15.7}$$

と書き直すことができる。ここでは次の形の解を探そう。

$$x(t) = (t-a)^\nu (x_0 + x_1(t-a) + x_2(t-a)^2 + \cdots) \tag{15.8}$$

ν を a における**特性指数** (characteristic exponent) と呼ぶ。以下簡単のため，$a = 0$ であるとする。

> **命題 15.2.1** $a = 0$ に確定特異点を持つ方程式 (15.7) において
>
> $$p(t) = \sum_{k=0}^{\infty} p_k t^k, \quad q(t) = \sum_{k=0}^{\infty} q_k t^k \tag{15.9}$$
>
> とし，2次式 $f(\lambda)$ を次で定める。
>
> $$f(\lambda) = \lambda(\lambda - 1) + p_0 \lambda + q_0 \tag{15.10}$$
>
> (1) $x_0 \neq 0$ である解 (15.8) が存在するためには，
>
> $$f(\nu) = 0 \tag{15.11}$$
>
> が必要である。f を特性指数 ν の**決定多項式** (indicial polynomial) という。
> (2) $f(\nu) = 0$ かつ $f(\nu+1), f(\nu+2), \ldots$ はすべて 0 にならないとする。すると (15.8) の $x_1, x_2, \ldots$ が x_0 から一通りに定まる。

証明 (1) (15.8) を (15.7) に代入すれば

$$
\begin{aligned}
(15.7) \iff & \nu(\nu-1)x_0 t^\nu + (\nu+1)\nu x_1 t^{\nu+1} + (\nu+1)(\nu+2)x_2 t^{\nu+2} + \cdots \\
& + (p_0 + p_1 t + p_2 t^2 + \cdots)(\nu x_0 t^\nu + (\nu+1)x_1 t^{\nu+1} + \cdots) \\
& + (q_0 + q_1 t + q_2 t^2 + \cdots)(x_0 t^\nu + x_1 t^{\nu+1} + \cdots) = 0 \\
\iff & (\nu(\nu-1) + \nu p_0 + q_0)x_0 t^\nu \\
& + ((\nu+1)\nu x_1 + (\nu+1)p_0 x_1 + \nu p_1 x_0 + q_0 x_1 + q_1 x_0) t^{\nu+1} \\
& + ((\nu+2)(\nu+1)x_2 + (\nu+2)p_0 x_2 + (\nu+1)p_1 x_1 + \nu p_2 x_0 \\
& \quad + q_0 x_2 + q_1 x_1 + q_2 x_0) t^{\nu+2} + \cdots \\
& + \Big((\nu+k)(\nu+k-1)x_k + \sum_{j=1}^{k}((\nu+k-j)p_j x_{k-j} + q_j x_{k-j}) \\
& \quad + (\nu+k)p_0 x_k + q_0 x_k\Big) t^{\nu+k} + \cdots = 0
\end{aligned}
\tag{15.12}
$$

t^ν の係数に注目すれば，$x_0 \neq 0$ とあわせて結論を得る：

$$t^\nu \text{の係数} = f(\nu)x_0 = 0 \quad \therefore \quad f(\nu) = 0$$

(2) 同様に $t^{\nu+1}$ の係数に注目すれば，上の計算より

$$t^{\nu+1} \text{の係数} = f(\nu+1)x_1 + (\nu p_1 + q_1)x_0 = 0 \tag{15.13}$$

ではなくてはならない．$f(\nu+1) \neq 0$ なら，これより

$$x_1 = \frac{-1}{f(\nu+1)}(\nu p_1 + q_1)x_0 \tag{15.14}$$

となる．同様に $t^{\nu+2}$ の係数比較から

$$f(\nu+2)x_2 + ((\nu+1)p_1 + q_1)x_1 + (\nu p_2 + q_2)x_0 = 0$$

が得られ，$f(\nu+2) \neq 0$ より x_2 が定まる．同様に，次々と $t^{\nu+n}$ $(n=1,2,\ldots)$ の係数を見て (2) が分かる． □

決定方程式の 2 解 $\nu_\pm$ の差が整数でなければ，命題 (2) の仮定は満たされる．$a \neq 0$ でも同様であり，次が得られる．

定理 15.2.1 $t = a$ に確定特異点を持つ方程式 (15.1) において，指数 ν の決定方程式 $f(\nu) = 0$ の 2 解を $\nu_\pm$ とするとき，$\nu_+ - \nu_-$ は整数でないとする．このとき

$$x_\pm(t) = (t-a)^{\nu_\pm}\left(1 + x_1^\pm(t-a) + x_2^\pm(t-a)^2 + \cdots\right) \tag{15.15}$$

の形の形式解がそれぞれ一通りに定まる．$x_\pm(t)$ は 少なくとも $p(t), q(t)$ の収束半径の範囲の共通部分で収束する．

証明 $\nu = \nu_\pm, a = 0$ とする．(15.12) より，$x_n = x_n^\pm$ $(n=1,2,\ldots)$ は

$$x_0 = 1, \quad x_n = -f(\nu+n)^{-1}\sum_{j=0}^{n-1}((\nu+j)p_{n-j} + q_{n-j})x_j \tag{15.16}$$

により定まる．$p(t), q(t)$ の収束半径は R 以上とする．$x_\pm(t)$ の収束を正則点のときと同様に示すことができる．十分大きな N に対して $|p_n|, |q_n| < M/R^n$，また $|f(\nu+n)| \geq n^2$ $(n > N)$ としてよいので

$$|x_n| \leq \frac{M}{n^2} \sum_{j=0}^{n-1} \frac{|\nu|+j+1}{R^{n-j}} |x_j| \quad (= X_n \text{ とおく})$$

が (15.16) より分かる. すると

$$\frac{(n+1)^2}{M} X_{n+1} = \sum_{j=0}^{n} \frac{|\nu|+j+1}{R^{n+1-j}} |x_j| = \frac{n^2}{M} \frac{X_n}{R} + \frac{|\nu|+n+1}{R} |x_n|$$

$$\therefore \quad \frac{X_{n+1}}{X_n} \leq \frac{1}{R} \left(\left(\frac{n}{n+1} \right)^2 + \frac{|\nu|+n+1}{(n+1)^2} M \right) \xrightarrow{n \to \infty} \frac{1}{R}$$

よって

$$\left| \sum_{n=N+1}^{\infty} x_n t^n \right| \leq \sum_{n=N+1}^{\infty} X_n |t|^n < \infty \quad (|t| < R \text{ のとき})$$

により, $x_{\pm}(t) = t^{\nu_{\pm}} \sum_{n=0}^{\infty} x_n t^n$ は $|t| < R$ で絶対収束する. □

> **系 15.2.1** $p(t), q(t)$ の $t = a$ でのテイラー展開が $|t-a| < R$ で収束し, 特性指数 $\nu_{\pm}$ の差が整数でないとする. すると (15.15) の $x_+(t), x_-(t)$ は, $|t-a| < R$ における方程式 (15.1) の解空間の基底を与える.

証明 上の命題より 1 次独立ならよい. 簡単のため $a = 0$, また $\nu_+ - \nu_-$ の実部を正とする. $Ax_{\nu_+}(t) + Bx_{\nu_-}(t) = 0$ とし, $t^{-\nu_-}$ 倍して $t \to 0$ とすると

$$0 = At^{\nu_+ - \nu_-}(1 + x_1^+ t + \cdots) + B(1 + x_1^- t + \cdots) \longrightarrow B$$

$B = 0$ となり, $A = 0$ もしたがう. $\nu_+ - \nu_-$ が純虚数のときも同様である. □

問題 15.2.1 次の微分方程式について, $t = 0$ が確定特異点であることを示し, 特性指数を求めよ. また, これ以外の点 $a \neq 0$ は正則点であることを示せ.

$$t^2 x''(t) + tx'(t) + (t^2 - \nu^2)x(t) = 0 \quad (\nu \text{ は定数}) \tag{15.17}$$

これをベッセル (Bessel) の微分方程式という [第 17 章参照].

15.3 特性指数の差が整数のとき*

$\nu_+ - \nu_- = N$ は非負の整数とする. このときも $\nu = \nu_+ + 1, \nu_+ + 2, \ldots$ に対して $f(\nu) \neq 0$ である. よって

$$x_+(t) \;=\; (t-a)^{\nu_+}(1 + x_1(t-a) + x_2(t-a)^2 + \cdots) \tag{15.18}$$

の形の解はやはり存在し，収束する．もう 1 つの解のとり方が問題である．

定理 15.3.1 (フロベニウスの方法 Frobenius method)　(15.18) と 1 次独立になる解は次の形にとれる．ただし，$A = 1$ または $B_0 = 1$ である．

$$y(t) \;=\; A\log(t-a) \times x_+(t) \;+\; (t-a)^{\nu_-}\sum_{k=0}^{\infty} B_k\,(t-a)^k \tag{15.19}$$

証明　このような解 $y(t)$ があれば，$x_+(t)$ との 1 次独立性は項の形から分かる．

(1)　まず $\nu_+ = \nu_-$ ($= \nu$ とおく) ($N = 0$) のときを考える．$a = 0$ としてよい．(15.1) の係数を変化させ，特性指数を $\tilde{\nu}_\pm = \nu \pm \epsilon$ となるようにする．対応する解

$$\begin{cases} x_+(t) \;=\; t^{\tilde{\nu}_+}(x_0^+ + x_1^+ t + x_1^+ t^2 + \cdots) \\ x_-(t) \;=\; t^{\tilde{\nu}_-}(x_0^- + x_1^- t + x_1^- t^2 + \cdots) \end{cases} \tag{15.20}$$

があり，これらの 1 次結合も解である．$\tilde{\nu}_+ \to \tilde{\nu}_-$ ($\epsilon \to 0$) の極限を考える．

$$\frac{x_+(t) - x_-(t)}{\tilde{\nu}_+ - \tilde{\nu}_-} = \frac{t^{\tilde{\nu}_+}x_0^+ - t^{\tilde{\nu}_-}x_0^-}{\tilde{\nu}_+ - \tilde{\nu}_-} + \frac{t^{\tilde{\nu}_++1}x_1^+ - t^{\tilde{\nu}_-+1}x_1^-}{\tilde{\nu}_+ - \tilde{\nu}_-} + \cdots \tag{15.21}$$

において，$x_0^+ = x_0^-$ ($=1$) なら左辺 $\to 0/0$ であるが，右辺の各項は，極限

$$\frac{t^{\tilde{\nu}_++k}x_k^+ - t^{\tilde{\nu}_-+k}x_k^-}{\tilde{\nu}_+ - \tilde{\nu}_-} \;\longrightarrow\; \frac{\partial (t^{\nu+k}x_k^+)}{\partial \nu}$$

$$= (\log t)\cdot t^{\nu+k}x_k^+ + t^{\nu+k}\frac{\partial x_k^+}{\partial \nu}$$

を持つ．ここで $\partial x_k^+/\partial \nu$ は，(15.16) より存在する．ゆえに (15.21) の極限として，(15.19) で $A = 1$ の形の解が現れる．

(2)　次に $\nu_+ - \nu_- = N > 0$ (整数) のときを考える．(15.20) の $x_-(t)$ において，x_N^- を求める (15.16) 式が極限で 0 による割り算になるのが問題である．
<u>Step 1</u>　(1) と同様に，$\tilde{\nu}_\pm = \nu_\pm \pm \epsilon$ が特性指数となるよう方程式を変化させ，

$$\tilde{x}_\pm(t) = t^{\tilde{\nu}_\pm}(\tilde{x}_{\epsilon,0}^\pm + \tilde{x}_{\epsilon,1}^\pm t + \tilde{x}_{\epsilon,2}^\pm t^2 + \cdots)$$

を対応する解とする．ただし，$\tilde{x}_{\epsilon,0}^\pm$ は以下で定める．

Step 2 $\tilde{x}_-$ の初項を (1 でなく) $\tilde{x}^-_{\epsilon,0} = \tilde{\nu}_+ - (\tilde{\nu}_- + N) = 2\epsilon$ とおく．(15.16) の $f(\nu)$ を $\tilde{f}(\nu) = (\nu - \tilde{\nu}_+)(\nu - \tilde{\nu}_-)$ とした式で $\tilde{x}^-_{\epsilon,1}, \tilde{x}^-_{\epsilon,2}, \ldots, \tilde{x}^-_{\epsilon,N-1}$ を定めれば，これらは $N\epsilon$ のオーダーとなる．よって $\epsilon \to 0$ で

$$\tilde{x}^-_{\epsilon,N} = \frac{-1}{\tilde{f}(\tilde{\nu}_- + N)} \sum_{j=0}^{N-1}((\tilde{\nu}_- + j)p_{N-j} + q_{N-j})\tilde{x}^-_{\epsilon,j}$$

($\tilde{f}(\tilde{\nu}_- + N) = (\tilde{\nu}_- + N - \tilde{\nu}_+)(\tilde{\nu}_- + N - \tilde{\nu}_-) = -2\epsilon N$ に注意)

は有限の極限を持ち，$k > N$ の係数 $\tilde{x}^-_{\epsilon,k}$ も $\epsilon \to 0$ も含めて定まる．

Step 3 $\tilde{y}(t) = -\dfrac{\tilde{x}_+(t) - \tilde{x}_-(t)}{\tilde{\nu}_+ - (\tilde{\nu}_- + N)}$ を考える．この初項は次の通りである．

$$-\frac{0 - t^{\tilde{\nu}_-}\tilde{x}^-_{\epsilon,0}}{\tilde{\nu}_+ - (\tilde{\nu}_- + N)} = -\frac{-2\epsilon}{2\epsilon}t^{\tilde{\nu}_-} = t^{\tilde{\nu}_-} \qquad (15.22)$$

$\tilde{y}$ は $k \leq N$ 項まで (分子)$= 0 - t^{\tilde{\nu}_-+k}\tilde{x}^-_{\epsilon,k}$ であり，$N+1$ 項で次の形となる．

$$-\frac{t^{\tilde{\nu}_+}\tilde{x}^+_{\epsilon,0} - t^{\tilde{\nu}_-+N}\tilde{x}^-_{\epsilon,N}}{\tilde{\nu}_+ - (\tilde{\nu}_- + N)}$$

Step 4 $\tilde{x}^+_{\epsilon,0} = \tilde{x}^-_{\epsilon,N}$ と定めて，$\tilde{y}(t)$ の極限をとる．$\epsilon \to 0$ として

$$-\frac{t^{\tilde{\nu}_+}\tilde{x}^+_{\epsilon,0} - t^{\tilde{\nu}_-+N}\tilde{x}^-_{\epsilon,N}}{\tilde{\nu}_+ - (\tilde{\nu}_- + N)} \longrightarrow -(\log t)t^{\nu_+}x^-_{0,N}, \quad \left(x^-_{0,N} = \tilde{x}^-_{\epsilon,N}\Big|_{\epsilon=0}\right)$$

$$-\frac{t^{\tilde{\nu}_++k}\tilde{x}^+_{\epsilon,k} - t^{\tilde{\nu}_-+N+k}\tilde{x}^-_{\epsilon,N+k}}{\tilde{\nu}_+ - (\tilde{\nu}_- + N)} \to -(\log t)t^{\nu_++k}x^-_{0,N+k} + t^{\nu_++k}\frac{\partial \tilde{x}^-_{\epsilon,N+k}}{\partial \epsilon}\bigg|_{\epsilon=0}$$

($k = 1, 2, \ldots$) となる．よってこれらの和として (15.19) の形の解が得られ，(15.22) より $B_0 = 1$ である．なお，$A = \tilde{x}^-_{0,N}$ は 0 のことがある．

収束は，定理 15.2.1 と同様に示されるが省略する (または島倉[10, p.107] 参照)．
□

問題 15.3.1 (1) 方程式 $\left(t\dfrac{d}{dt} - \nu\right)^2 x(t) = 0$ は，$t = 0$ を確定特異点とするが，決定方程式は重解を持つ．これを確かめ，基本解を 1 組与えよ．

(2) $\left(t\dfrac{d}{dt} - \nu\right)\left(t\dfrac{d}{dt} - \nu - 1\right)x(t) = 0$ についてはどうか．

章末問題 15

a, b, c は複素数とし,次の微分方程式 $H(a,b,c)$ を考える.
$$H(a,b,c): \quad \left[t(1-t)\frac{d^2}{dt^2} + (c-(a+b+1)t)\frac{d}{dt} - ab\right] u(t) = 0$$
これをガウスの**超幾何微分方程式** (hypergeometric equation) という.以下を示せ.

15.1 (1) $H(a,b,c)$ は,$t=0,1$ を確定特異点に持つことを示せ.

(2) 特性指数は $t=0$ で $0, 1-c$,$t=1$ で $0, c-a-b$ であることを示せ.

15.2 $c \neq 0, -1, -2, \ldots$ とする.特性指数より,$t=0$ で 1 となる $H(a,b,c)$ の解がただ 1 つある.これを $F(a,b,c|t)$ で表し**超幾何関数** (hypergeometric function) と呼ぶ.

(1) ポホハンマー記号 $(a)_n = a(a+1)\cdots(a+n-1)$ を使えば,$F(a,b,c|t)$ の級数表示は次で与えられ,$|t|<1$ で収束する.これを示せ.
$$F(a,b,c|t) = \sum_{n=0}^{\infty} \frac{(a)_n (b)_n}{(c)_n} \frac{t^n}{n!}$$
$$= 1 + \frac{ab}{c}t + \frac{a(a+1)b(b+1)}{c(c+1)}\frac{t^2}{2} + \cdots$$

[ヒント: $H(a,b,c) \Leftrightarrow (t\frac{d}{dt}+a)(t\frac{d}{dt}+b)u = (t\frac{d}{dt}+c)u'$ である.$u = \sum_{n=0}^{\infty} u_n t^n$ とすれば,$(n+a)(n+b)u_n = (n+c)(n+1)u_{n+1}$ となる.]

(2) (1) と 1 次独立な $t=0$ での級数解は,
$$t^{1-c}F(a-c+1, b-c+1, 2-c \mid t) \tag{15.23}$$
で与えられることを示せ.

注意 15.4.1 一般に,$s = \frac{1}{t}$ とおいて $s \to 0$ とすることで,$t \to \infty$ のときの様子を調べられる.$t\frac{d}{dt} = -s\frac{d}{ds}$ であり,$H(a,b,c)$ は $s=0$ $(t=\infty)$ も確定特異点に持つことが分かる.また,$t=\infty$ での特性指数は a, b となる.

Chapter 16

ルジャンドル多項式

指数関数, 三角関数はそれぞれ $x'(t) = x(t)$, $x''(t) = -x(t)$ の解として得られるが, この延長線上にあるのが特殊関数である. ここではルジャンドルの微分方程式とルジャンドル多項式について学ぶ.

16.1 ルジャンドルの微分方程式

定義 16.1.1 ν を複素数とする. ルジャンドルの微分方程式とは

$$(1 - t^2)x''(t) - 2tx'(t) + \nu(\nu+1)x(t) = 0 \tag{16.1}$$

をいう. 次の補題のように, $x(1) = 1$ を満たす解がただ 1 つ存在する. これを (第 1 種の) ルジャンドル関数 (Legendre function) と呼び, $P_\nu(t)$ で表す.

補題 16.1.1 (16.1) は $t = 1$ を確定特異点に持つ. $t = 1$ における特性指数は 0 (重根) であり, $x(1) = 1$ である解がただ 1 つ存在する.

証明 $t = 1$ での様子を調べるため, $s = 1 - t$ とおけば

$$(16.1) \iff \left[\frac{d^2}{ds^2} + \frac{2(1-s)}{s(2-s)} \frac{d}{ds} + \frac{\nu(\nu+1)}{s(2-s)} \right] x(t) = 0$$

さらに $\sigma = \dfrac{s}{2}$ で $\iff \left[\dfrac{d^2}{d\sigma^2} + \dfrac{1-2\sigma}{\sigma(1-\sigma)} \dfrac{d}{d\sigma} + \dfrac{\nu(\nu+1)}{\sigma(1-\sigma)} \right] x(t) = 0$ \tag{16.2}

となる. すると $\sigma = 0$ が確定特異点であることは, (15.6) と比べれば

$$p(\sigma) = \frac{1-2\sigma}{1-\sigma}, \quad q(\sigma) = \frac{\nu(\nu+1)\sigma}{1-\sigma} \tag{16.3}$$

なので分かる. 決定多項式 (15.11) は, $p(0) = 1$, $q(0) = 0$ より

$$f(\lambda) = \lambda(\lambda - 1) + 1 \cdot \lambda + 0 = \lambda^2$$

ゆえに特性指数は $\lambda = 0$ (重根) である. 定理 15.3.1 より, $\sigma = 0$ で発散しない解は定数倍を除いて定まるから, 解 $x(t)$ は $x(1) = 1$ で一意的に決まる. □

定理 16.1.1 (1) ルジャンドル関数 $P_\nu(t)$ の級数表示は次で与えられる.

$$P_\nu(t) \tag{16.4}$$
$$= 1 + \sum_{n=1}^{\infty} \frac{(1+\nu)\cdots(n+\nu)\cdot(-\nu)(-\nu+1)\cdots(-\nu+n-1)}{n!^2} \left(\frac{1-t}{2}\right)^n$$
$$= 1 + \frac{(1+\nu)(-\nu)}{1^2}\left(\frac{1-t}{2}\right) + \frac{(1+\nu)(2+\nu)(-\nu)(1-\nu)}{2^2}\left(\frac{1-t}{2}\right)^2 + \cdots$$

特に, ν を $-\nu-1$ に置き換えても同じ式なので, $P_\nu(t) = P_{-\nu-1}(t)$ である.

(2) $N = 0, 1, 2, \ldots$ に対し, $P_N(t)$ は t の N 次式である. ν が整数でないとき, (16.4) は $|t-1| < 2$ で収束する.

証明 (1) $y_\nu(\sigma) = \sum_{n=0}^{\infty} y_{\nu,n} \sigma^n$ とおく. $\left(\sigma \dfrac{d}{d\sigma}\right)^2 = \sigma^2 \dfrac{d^2}{d\sigma^2} + \sigma \dfrac{d}{d\sigma}$ に注意すると

$$(16.1) \iff \left[(1-\sigma)\left(\sigma\frac{d}{d\sigma}\right)^2 - \sigma\left(\sigma\frac{d}{d\sigma} - \nu(\nu+1)\right)\right] y(\sigma) = 0 \tag{16.5}$$
$$\iff \left(\sigma\frac{d}{d\sigma}\right)^2 y(\sigma) = \sigma\left[\left(\sigma\frac{d}{d\sigma}\right)^2 + \left(\sigma\frac{d}{d\sigma}\right) - \nu(\nu+1)\right] y(\sigma)$$
$$\iff \sum_{n=1}^{\infty} n^2 y_{\nu,n} \sigma^n = \sum_{n=1}^{\infty} (n(n+1) - \nu(\nu+1)) y_{\nu,n} \sigma^{n+1}$$

$\therefore \quad n^2 y_{\nu,n} = ((n-1)n - \nu(\nu+1))y_{\nu,n-1} = (n+\nu)(n-\nu-1)y_{\nu,n-1}$

すなわち $y_{\nu,n} = \dfrac{(n+\nu)(n-\nu-1)}{n^2} y_{\nu,n-1}$ $(n=1,2,\ldots)$ となり, $y_0 = 1$ とあわせ (16.4) を得る. $y_{\nu,n} = y_{-\nu-1,n}$ だから, $P_\nu(t) = P_{-\nu-1}(t)$ である.

(2) $\nu = N = 0, 1, 2, \ldots$ なら, $P_\nu(t)$ の $N+1$ 次以上の項は, 係数の式の中で $N+1-\nu-1 = 0$ が現れるので 0 となる (同様に $\nu = -1, -2, \ldots$ なら, $P_\nu = P_{-\nu-1}$ は $|\nu|-1$ 次式である). これ以外のとき, $|y_{\nu,n}/y_{\nu,n-1}| \overset{n\to\infty}{\to} 1$ より, $|\sigma| = |\frac{1-t}{2}| < 1$ で収束する. $\square$

定義 16.1.2 $\nu = N$ $(N = 0, 1, 2, \ldots)$ のときの N 次多項式 $P_N(t)$ (16.4) をルジャンドル多項式 (Legendre polynomial) と呼ぶ.

問題 16.1.1 (16.4) より, はじめのいくつかは以下のようになる:

$$P_0(t) = 1, \quad P_1(t) = t, \quad P_2(t) = -\frac{1}{2} + \frac{3t^2}{2},$$

$$P_3(t) = -\frac{3t}{2} + \frac{5t^3}{2}, \quad P_4(t) = \frac{35t^4}{8} - \frac{30t^2}{8} + \frac{3}{8}, \cdots$$

これらを確かめ，またグラフを描いてみよ．

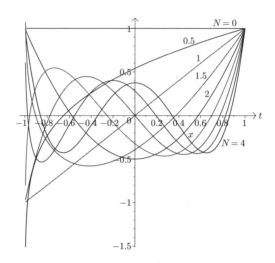

図 16.1　$P_N(t)$ のグラフ．P_N は N が偶数なら偶関数，奇数なら奇関数である（系 16.3.1）．

16.2　直交多項式としての性質

区間 $[-1, 1]$ 上の複素数値連続関数 f, g に対し，その内積を次で定める．

$$(f, g) = \int_{-1}^{1} \overline{f(t)}\, g(t)\, dt \tag{16.6}$$

注意 16.2.1　(16.6) の代わりに，$((f, g)) = \int_{-1}^{1} f(t)\, \overline{g(t)}\, dt$ を内積の定義とすることもあるが，$((f, g)) = \overline{(f, g)}$ であり本質的に違いはない．

命題 16.2.1　(1)　$(g, f) = \overline{(f, g)}$

(2)　$(f, k_1 g_1 + k_2 g_2) = k_1 (f, g_1) + k_2 (f, g_2)$

(3) $(f,f) \geq 0$ であり，$(f,f) = 0$ ならば $f \equiv 0$ である．

(4) $|(f,g)|^2 \leq |(f,f)||(g,g)|$

証明 (1)(2)(3) は容易である．(4) も複素ベクトルのエルミート内積の場合と同様に示される (長谷川[15, 15章] など参照)． □

ルジャンドルの微分方程式 (16.1) に現れた微分作用素を

$$Lf(t) = \left((1-t^2)\frac{d^2}{dt^2} - 2t\frac{d}{dt}\right)f(t) = \frac{d}{dt}\left((1-t^2)\frac{d}{dt}\right)f(t) \qquad (16.7)$$

とおく．

$$(16.1) \iff Lx(t) = -\nu(\nu+1)x(t) \qquad (16.8)$$

であり，とくに $LP_n = -n(n+1)P_n$ $(n = 0, 1, 2, \ldots)$ である．

定理 16.2.1 (1) (L のエルミート性) $|t| \leq 1$ 上の C^2 級関数 f, g について

$$(Lf, g) = (f, Lg) \qquad (16.9)$$

(2) P_n $(n = 0, 1, 2, \ldots)$ は次の**直交性** (orthogonality) を満たす．

$$(P_n, P_m) = \int_{-1}^{1} P_n(t)P_m(t)\,dt = \frac{2\delta_{n,m}}{2n+1} \qquad (16.10)$$

ただし，$\delta_{m,n} = \begin{cases} 1 & (m = n) \\ 0 & (m \neq n) \end{cases}$ である．

証明 (1) 左辺 $= \displaystyle\int_{-1}^{1} \left(\overline{\frac{d}{dt}\left((1-t^2)\frac{d}{dt}\right)f(t)}\right)g(t)\,dt$

$= \left[(1-t^2)\overline{\frac{df}{dt}(t)}g(t)\right]_{-1}^{1} - \int_{-1}^{1}(1-t^2)\overline{\frac{df}{dt}(t)}\frac{dg}{dt}(t)\,dt$

$= \left[(1-t^2)\overline{f(t)}\frac{dg}{dt}(t)\right]_{-1}^{1} - \int_{-1}^{1}\overline{f(t)}\frac{d}{dt}\left((1-t^2)\frac{dg}{dt}(t)\right)dt$

$= 0 - (f, Lg)$

(2) $n \neq m$ として $(P_n, P_m) = 0$ を示す．$LP_n = -n(n+1)P_n$ より

$$(LP_n, P_m) = (P_n, LP_m)$$

$$\iff 0 = n(n+1)(P_n, P_m) - m(m+1)(P_n, P_m)$$
$$= (n-m)(n+m+1)(P_n, P_m)$$

よって $(P_n, P_m) = 0$ である. $n = m$ のときの値は系 16.3.1(2) で示す. □

注意 16.2.2 (1) 上の直交性の証明は,「エルミート行列の固有ベクトルは固有値が異なれば直交する」という線形代数の定理を示すときと同様である. (16.10) は固有ベクトルの性質の類似である.「P_n は L の**固有関数** (eigenfunction) であり, その**固有値** (eigenvalue) は $-n(n+1)$ である」などという.

(2) 有界閉区間上の連続関数 $f(t)$ は多項式で近似できるので (増田[25], 第1章), 定理 16.1.1(2) を思い出すと, ある数列 $\{c_n\}$ ($n = 1, 2, \ldots$) が存在して $f(t) = \sum_{n=0}^{\infty} c_n P_n(t)$ と書ける (これは $|t| \leq 1$ で一様収束する). 直交性より

$$c_n = \frac{2n+1}{2}(P_n, f) = \frac{2n+1}{2}\int_{-1}^{1} P_n(t)f(t)dt \tag{16.11}$$

である.

問題 16.2.1 $1, t, t^2, \ldots, t^6$ を, $\{P_n\}$ ($n = 0, 1, 2, \ldots$) の 1 次結合で表してみよ [ヒント: (16.11)].

16.3 母関数とその応用*

定理 16.3.1 ルジャンドル多項式 P_n ($n = 1, 2, \ldots$) を係数として作った級数 (**母関数**, generating function という) は次で与えられる.

$$\sum_{n=0}^{\infty} P_n(t)r^n = \frac{1}{\sqrt{1 - 2rt + r^2}} \quad (|r| < 1) \tag{16.12}$$

したがって, 逆にこの式で P_n を定義できる.

証明 $\dfrac{1}{\sqrt{1 - 2rt + r^2}} = \sum_{n=0}^{\infty} p_n(t)r^n$ とするとき, p_n が (16.1) を満たし, $p_n(1) = 1$ であれば, $p_n(t) = P_n(t)$ が結論できる. まず, $p_n(1) = 1$ は

$$\frac{1}{\sqrt{1 - 2r + r^2}} = \frac{1}{1-r} = 1 + r + r^2 + \cdots$$

より分かる．次に，$L_t = (1-t^2)\dfrac{\partial^2}{\partial t^2} - 2t\dfrac{\partial}{\partial t}, R_r = \left(r\dfrac{\partial}{\partial r}\right)^2 + r\dfrac{\partial}{\partial r}$ とおくと

$$-L_t\left(\frac{1}{\sqrt{1-2rt+r^2}}\right) = R_r\left(\frac{1}{\sqrt{1-2rt+r^2}}\right) \tag{16.13}$$

が成り立つ．実際，計算すれば両辺とも $\dfrac{2rt(1+r^2) - r^2(t^2+3)}{\sqrt{1-2rt+r^2}^5}$ となる．

$$\therefore\ 0 = (L_t + R_r)\left(\sum_{n=0}^{\infty} p_n(t)r^n\right) \stackrel{(*)}{=} \sum_{n=0}^{\infty}\left((L_t p_n(t))r^n + p_n(t)(R_r r^n)\right) \tag{16.14}$$

ここで，収束半径内では，べき級数は項別に微分できること ((16.14) の (*) が成り立つこと) を使った (付録 B 参照)．

$R_r r^n = (n^2+n)r^n$ であるので，$L_t p_n + n(n+1)p_n = 0$ となる．(16.8) を思い出すと，p_n は，$\nu = n$ のときの (16.1) の解であることが分かる． □

母関数を用いることで，いろいろな性質をまとめて示せる場合がある．

系 16.3.1 (1) $P_n(t)$ は n が偶数ならば偶関数，奇数ならば奇関数である．
(2) $(P_n, P_n) = \dfrac{2}{2n+1}$ $(n=0,1,2,\ldots)$ である．

証明 (1) (16.12) で (r,t) を $(-r,-t)$ としても，右辺は変わらないから

$$\sum_{n=0}^{\infty} P_n(-t)(-r)^n = \frac{1}{\sqrt{1-2rt+r^2}} = \sum_{n=0}^{\infty} P_n(t)r^n$$

したがって $P_n(-t) = (-1)^n P_n(t)$ となる．

(2) $m \neq n$ ならば $(P_m, P_n) = 0$ であったから，これは次と同値である．

$$\left(\sum_{m=0}^{\infty} r^m P_m, \sum_{n=0}^{\infty} r^n P_n\right) = \sum_{n=0}^{\infty} \frac{2r^{2n}}{2n+1} \quad (|r|<1)$$

実際，(左辺) $\stackrel{(*)}{=} \displaystyle\sum_{m=0}^{\infty}\sum_{n=0}^{\infty} r^{n+m} \int_{-1}^{1} P_m(t)P_n(t)\,dt = \int_{-1}^{1} \frac{dt}{1-2rt+r^2}$
$= -\dfrac{1}{2r}\bigl[\log|1-2rt+r^2|\bigr]_{t=-1}^{1} = \dfrac{1}{r}\log\left|\dfrac{1+r}{1-r}\right|$

$$(\text{右辺}) = \frac{2}{r} \sum_{n=0}^{\infty} \int_0^r t^{2n} dt \stackrel{(**)}{=} \frac{2}{r} \int_0^r \sum_{n=0}^{\infty} t^{2n} dt$$

$$= \frac{2}{r} \int_0^r \frac{dt}{1-t^2} = \frac{1}{r} \int_0^r \Big(\frac{1}{1+t} + \frac{1}{1-t}\Big) dt = \frac{1}{r} \log \Big|\frac{1+r}{1-r}\Big| \qquad \square$$

注意 16.3.1 上の $(*), (**)$ で，べき級数の収束範囲では，積分と無限和が交換可能であることを使った：

$$\sum_{n=0}^{\infty} \int_0^r t^{2n} dt = \lim_{N\to\infty} \sum_{n=0}^{N} \int_0^r t^{2n} dt$$

$$= \lim_{N\to\infty} \int_0^r \sum_{n=0}^{N} t^{2n} dt = \int_0^r \sum_{n=0}^{\infty} t^{2n} dt$$

命題 16.3.1* 次のロドリグの公式 (Rodriguez formula) が成り立つ．

$$P_n(t) = \frac{1}{n!} \Big(\frac{d}{dt}\Big)^n \Big(\frac{t^2-1}{2}\Big)^n$$

略証 微分は複素積分で表せば，$C(t) = \{u \in \mathbb{C} : |u-t| = 1\}$ として

$$(\text{右辺}) = \frac{1}{2\pi i} \int_{C(t)} \Big(\frac{u^2-1}{2}\Big)^n \frac{du}{(u-t)^{n+1}} \qquad (16.15)$$

である (付録 D)．これに変数変換 $\dfrac{u^2-1}{2(u-t)} = \dfrac{1}{z}$ $(u|_{z=0} = t)$ を施すと，

$$u = \frac{1 - \sqrt{1-2tz+z^2}}{z}, \quad \frac{du}{dz} = \frac{u-t}{z\sqrt{1-2tz+z^2}}$$

$$\therefore \quad (16.15) = \frac{1}{2\pi i} \int_{C(0)} \frac{1}{z^{n+1}} \frac{dz}{\sqrt{1-2tz+z^2}} \stackrel{(16.12)}{=} P_n(t)$$

最後の等式は，(16.12) と定理 D.2 による． $\qquad \square$

注意 16.3.2* 母関数 (16.12) は 3 次元の由来を持つ．$r = \sqrt{x^2+y^2+z^2}$ とし，ラプラス作用素を $\triangle = \dfrac{\partial^2}{\partial x^2} + \dfrac{\partial^2}{\partial y^2} + \dfrac{\partial^2}{\partial z^2}$ とすれば，$\dfrac{1}{r}$ はラプラス方程式

$$\triangle\Big(\frac{1}{r}\Big) = 0 \quad (r \neq 0) \qquad (16.16)$$

を満たしている．z をずらした $\tilde{r} = \sqrt{x^2+y^2+(z-1)^2}$ も，$\triangle\Big(\dfrac{1}{\tilde{r}}\Big) = 0 \quad (\tilde{r} \neq 0)$

を満たす. 極座標 (r,θ,ϕ) $(r>0,\ 0\leq\theta<\pi,\ 0\leq\phi<2\pi)$ でこれを表す.

$$x = r\sin\theta\cos\phi, \quad y = r\sin\theta\sin\phi, \quad z = r\cos\theta$$

とすれば,

$$\triangle = \frac{\partial^2}{\partial r^2} + \frac{2}{r}\frac{\partial}{\partial r} + \frac{1}{r^2}D, \quad D = \frac{\partial^2}{\partial \theta^2} + \cot\theta\frac{\partial}{\partial \theta} + \frac{1}{\sin\theta^2}\frac{\partial^2}{\partial \phi^2} \qquad (16.17)$$

となる. これを $\dfrac{1}{\tilde{r}} = \dfrac{1}{\sqrt{r^2 - 2r\cos\theta + 1}} = \displaystyle\sum_{n=0}^{\infty} r^n P_n(\cos\theta)$ に作用させれば

$$0 = \triangle\left(\frac{1}{\tilde{r}}\right) = \sum_{n=0}^{\infty} \triangle(r^n P_n(\cos\theta)) = \frac{1}{r^2}\sum_{n=0}^{\infty} r^n(n(n+1) + D)P_n(\cos\theta)$$

$$\therefore\ \left[n(n+1) + \frac{\partial^2}{\partial\theta^2} + \cot\theta\frac{\partial}{\partial\theta}\right]P_n(\cos\theta) = 0$$

$t=\cos\theta$ と変数変換すると, $P_n(t)$ が (16.1) を満たすことが分かる. (16.13) で用いた作用素 $L_t + R_r$ は, $\triangle$ を変数変換して得られるものである.

なお (16.16) について, $r=0$ もこめて

$$\triangle\left(\frac{1}{r}\right) = -4\pi\delta(\mathbf{x}) \qquad (\mathbf{x} = (x,y,z))$$

が成り立つ. ただし $\delta(\mathbf{x})$ は 3 次元のデルタ関数 (delta function) であり, ある有界閉集合の外で $f \equiv 0$ である任意の連続関数 f について

$$\delta(\mathbf{x}) = 0,\ (\mathbf{x}\neq\mathbf{0}), \quad \int_{\mathbb{R}^3} f(\mathbf{x})\delta(\mathbf{x}) = f(\mathbf{0})$$

を満たすものとして定義される.

問題 16.3.1 (16.12) に 2 項展開 (問題 14.2.2) を用いて r^n の係数を求めることで, P_1, P_2, P_3, P_4 を求めてみよ.

16.4　超幾何関数による表示*

ルジャンドルの微分方程式 (16.1) は, $\sigma=\dfrac{1-t}{2}$, $y(\sigma)=x(t)$ により (16.5) となった. 超幾何微分方程式 $H(a,b,c)$ (章末問題 15.1) と比較すれば, ちょうど

$$\sigma = t, \quad y(\sigma) = u(t), \quad a = -\nu, \quad b = \nu+1, \quad c = 1 \qquad (16.18)$$

(a と b は入れ替えてよい) である. 問題 15.2 により, $y(0)=1$ の解は 1 つなので, 次を得る.

命題 16.4.1 $P_\nu(t) = F\left(-\nu, \nu+1, 1 \,\middle|\, \dfrac{1-t}{2}\right)$

一方，方程式 (16.1) に別の変数変換 $t^2 = z$ をすると (問題 16.4.1(1))

$$\left[4z(1-z)\frac{d^2}{dz^2} + 2(1-3z)\frac{d}{dz} + \nu(\nu+1)\right] x(z) = 0 \tag{16.19}$$

となる．$H(\frac{-\nu}{2}, \frac{\nu+1}{2}, \frac{1}{2})$ の形であるので，章末問題 15.2(2) より，次を $t=0$ での基本解に持つ．

$$F\left(\frac{-\nu}{2}, \frac{\nu+1}{2}, \frac{1}{2} \,\middle|\, t^2\right), \quad tF\left(\frac{1-\nu}{2}, \frac{\nu}{2}+1, \frac{3}{2} \,\middle|\, t^2\right) \tag{16.20}$$

定理 16.4.1 (Ince[18, p.165]) ルジャンドル関数 P_ν を (16.20) で表すと

$$\begin{aligned}P_\nu(t) &= \frac{\sqrt{\pi}}{\Gamma(\frac{1-\nu}{2})\Gamma(\frac{2+\nu}{2})} F\left(\frac{-\nu}{2}, \frac{\nu+1}{2}, \frac{1}{2} \,\middle|\, t^2\right) \\ &\quad - \frac{2\sqrt{\pi}}{\Gamma(\frac{-\nu}{2})\Gamma(\frac{1+\nu}{2})} tF\left(\frac{1-\nu}{2}, \frac{\nu}{2}+1, \frac{3}{2} \,\middle|\, t^2\right)\end{aligned} \tag{16.21}$$

注意 16.4.1 同じ方程式の異なる点を中心とする級数解の関係を調べることは一般に難しい．これは**接続問題** (connection problem) と呼ばれる．超幾何微分方程式はそれが完全に調べられるよい方程式であり，次が知られている．$\Gamma(x)$ をガンマ関数とすると (付録 C)，$c \neq -1, -2, \cdots, c-a-b \notin \mathbf{Z}, |z| < 1, |\arg z| \leq \pi$ のとき

$$\begin{aligned}F(a,b,c|1-z) &= \frac{\Gamma(c)\Gamma(c-a-b)}{\Gamma(c-a)\Gamma(c-b)} F(a,b,a+b+1-c|z) \\ &\quad + \frac{\Gamma(c)\Gamma(c-a-b)}{\Gamma(a)\Gamma(b)} z^{c-a-b} F(c-a, c-b, c-a-b+1|z)\end{aligned} \tag{16.22}$$

このような式を作るには級数解とは別に，解の積分による表示などを用いる．

問題 16.4.1 (1) $z = t^2$ により，(16.1) から (16.19) が得られることを示せ．
(2) $P_n(t) = \dfrac{(2n)!}{2^n(n!)^2} t^n F\left(-\dfrac{n}{2}, \dfrac{1-n}{2}, \dfrac{1-2n}{2}, \dfrac{1}{t^2}\right)$ (n は整数) を示せ．

章末問題 16

16.1 単項式 $1, t, t^2, \ldots$ から, (16.6) の内積 $(,)$ に関するシュミットの直交化 (Schmidt orthogonalization) を用いることによっても $P_0, P_1, P_2, \ldots$ が定数倍を除き得られることを確かめよう. $f_n(t) = t^n$ $(n = 0, 1, 2, \ldots)$ とおく.

(1) $g_1(t) = f_1(t) + a f_0(t)$ とおく. $(g_1, f_0) = 0$ のように a を定めよ.

(2) $g_2(t) = f_2(t) + b_0 f_0(t) + b_1 f_1(t)$ とおく. $(g_2, f_0) = (g_2, f_1) = 0$ のように b_0, b_1 を定めよ.

(3) $g_3(t) = f_3(t) + c_0 f_0(t) + c_1 f_1(t) + c_2 f_2(t)$ とおく. $(g_3, f_0) = (g_3, f_1) = (g_3, f_2) = 0$ のように c_0, c_1, c_2 を定めよ.

(4) $g_0(t) = f_0(t)$ および $g_j(t)$ $(j = 1, 2, 3)$ に対し (g_j, g_j) を求め, $g_j(t)/\sqrt{(g_j, g_j)}$ と $P_j(t)$ を比較せよ.

[ヒント：シュミットの直交化については, 増田[25, p.4] 長谷川[15, p26, p.176] などを見よ.]

16.2 n を自然数とする. $tP_n(t)$ は $n+1$ 次式なので, $P_0, \ldots, P_{n+1}$ で表せるはずである. 内積を計算することで, 実際には
$$tP_n(t) = \frac{1}{2n+1}((n+1)P_{n+1}(t) + nP_{n-1}(t))$$
であることを示せ. [ヒント：$P_n(t) = \frac{(2n)!}{2^n (n!)^2} t^n +$ (低次の項) である.]

16.3 (昇降演算子) n を自然数とするとき, 次を示せ.

(1) $\left[(1-t^2)\dfrac{d}{dt} - (n+1)t\right] P_n(t) = -(n+1) P_{n+1}(t)$

(2) $\left[(1-t^2)\dfrac{d}{dt} + nt\right] P_n(t) = n P_{n-1}(t)$

16.4 ロドリグの公式を用い, $P_n(t)$ $(n = 1, 2, \ldots)$ が $-1 \le t \le 1$ に異なる n 個の零点を持つことを示せ. [ヒント：$g(t) = (t^2 - 1)^n$ は $t = -1, 1$ で n 重根を持つ. ロルの定理より, $g'(t)$ はある点 $-1 < a < 1$ で 0 となる. $g''(t)$ 以下にこれを繰り返す.]

16.5 (16.17) を確かめよ.

Chapter 17

ベッセル関数

ルジャンドル関数は，超幾何関数の特別な場合であった．ベッセル関数 (Bessel function) は，超幾何関数の 2 つの特異点を合流させることで生じる．

17.1 母関数による定義と微分方程式

定義 17.1.1 整数 n に対し，n 次のベッセル関数 $J_n(t)$ が次で定義される．

$$e^{t(u-u^{-1})/2} = \sum_{n=-\infty}^{\infty} J_n(t) u^n \tag{17.1}$$

つまり，左辺を u で展開したときの係数がベッセル関数である．

$$\text{左辺} = \sum_{r=0}^{\infty} \frac{1}{r!} \left(\frac{tu}{2}\right)^r \sum_{s=0}^{\infty} \frac{1}{s!} \left(\frac{-tu^{-1}}{2}\right)^s \tag{17.2}$$

$r-s=n$ とおき，(17.1) の u^n の係数と (17.2) を比べれば，次を得る．

$$J_n(t) = \sum_{\substack{r-s=n \\ r,s \geq 0}} (-1)^s \frac{(t/2)^{r+s}}{r! s!} = \sum_{s=0}^{\infty} (-1)^s \frac{(t/2)^{2s+n}}{(s+n)! s!} \tag{17.3}$$

命題 17.1.1 $J_{-n}(t) = (-1)^n J_n(t) \quad (n=1,2,\ldots)$ である．

証明 (17.1) で u を $1/u$ とし，比較すればよい：

$$e^{t(u^{-1}-u)/2} = e^{t((-u)-(-u)^{-1})/2} = \sum_{n=-\infty}^{\infty} J_n(t)(-u)^n$$

$$e^{t(u^{-1}-u)/2} = \sum_{n=-\infty}^{\infty} J_n(t)(1/u)^n = \sum_{n=-\infty}^{\infty} J_{-n}(t) u^n \qquad \square$$

定理 17.1.1 J_n は次のベッセルの微分方程式を満たす．

$$t^2 J_n'' + t J_n' + (t^2 - n^2) J_n = 0 \tag{17.4}$$

17.1 母関数による定義と微分方程式

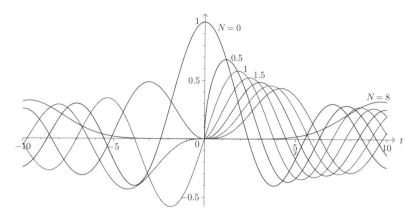

図 17.1 $J_N(t)(N=0, 0.5, 1, 1.5, \ldots, 8)$ のグラフ．N が整数でないときの J_N は 17.3 節で定義される．次数が大きいほど原点で軸にはりつく．

証明 (17.1) を t で 2 回微分した式を，u で 2 回微分した式で表す．まず

$$\left(t\frac{\partial}{\partial t}\right)^2 e^{t(u-u^{-1})/2} = t\frac{\partial}{\partial t}\left(\frac{t}{2}(u-u^{-1})e^{t(u-u^{-1})/2}\right)$$
$$= \frac{t}{2}(u-u^{-1})e^{t(u-u^{-1})/2} + \left(\frac{t}{2}\right)^2(u-u^{-1})^2 e^{t(u-u^{-1})/2}$$
$$= \left(\left(\frac{t}{2}(u-u^{-1})\right) + \left(\frac{t}{2}(u+u^{-1})\right)^2 - t^2\right)e^{t(u-u^{-1})/2} \quad (17.5)$$

である．一方

$$\left(u\frac{\partial}{\partial u}\right)^2 e^{t(u-u^{-1})/2} = \left(u\frac{\partial}{\partial u}\right)\left(\frac{t}{2}(u+u^{-1})e^{t(u-u^{-1})/2}\right)$$
$$= \left(\left(\frac{t}{2}(u-u^{-1}) + \left(\frac{t}{2}(u+u^{-1})\right)^2\right)e^{t(u-u^{-1})/2} = (17.5) + t^2 e^{t(u-u^{-1})/2}$$

$$\therefore \sum_{n=-\infty}^{\infty} n^2 J_n u^n = \sum_{n=-\infty}^{\infty} \left((t^2 J_n'' + t J_n') + t^2 J_n\right) u^n$$

u^n の係数を比べ (17.4) を得る． □

命題 17.1.2（漸化式） $J_{n\mp 1}(t) = \pm t^{\mp n}\dfrac{d}{dt}\left(t^{\pm n} J_n(t)\right)$ （複号同順）

証明 上と同様である．$e^{t(tu-(tu)^{-1})/2} = \displaystyle\sum_{n=-\infty}^{\infty} J_n(t)(tu)^n$ を t で微分し

$$tu e^{t(tu-(tu)^{-1})/2} = \sum_{n=-\infty}^{\infty} (J_n(t)t^n)' u^n$$

左辺 $= \sum_{n=-\infty}^{\infty} J_n(t)(tu)^{n+1} = \sum_{n=-\infty}^{\infty} J_{n-1}(t)(tu)^n$ であり，u^n の係数を比べ J_{n-1} の式を得る．同様に $t^{-1}u$ を代入し J_{n+1} の式も得られる． □

命題 17.1.3 (積分表示)　$J_n(t) = \int_{-\pi}^{\pi} \cos(t\sin\theta - n\theta) \dfrac{d\theta}{2\pi}$ 　　　(17.6)

証明　(17.1) の係数は，付録 D.2 節の複素積分により，C を単位円 $|u|=1$ として

$$J_n(t) = \int_C e^{t(u-u^{-1})/2} \frac{du}{2\pi i u^{n+1}} = \frac{1}{2\pi}\int_{-\pi}^{\pi} e^{i(t\sin\theta - n\theta)} d\theta$$

と表される ($u = e^{i\theta}$ と変数変換し，$du = it d\theta$ を用いた)．$\theta \to -\theta$ とすれば

$$J_n(t) = \frac{1}{2\pi}\int_{-\pi}^{\pi} e^{-i(t\sin\theta - n\theta)} d\theta$$

でもある．これらを加え，$\dfrac{e^{iy}+e^{-iy}}{2} = \cos y$ を使えばよい． □

問題 17.1.1　命題 17.1.3 の式で加法公式を用い，$\theta \to \pi - \theta$ を考えれば

$$J_n(t) = \begin{cases} \frac{2}{\pi}\int_0^{\pi/2} \cos(t\sin\theta)\cos n\theta\, d\theta & (n:\text{偶数}) \\ \frac{2}{\pi}\int_0^{\pi/2} \sin(t\sin\theta)\sin n\theta\, d\theta & (n:\text{奇数}) \end{cases}$$

である．これを示せ．

17.2　2体問題への応用

ケプラーによれば，重力のもとでの 2 体問題は周期的ならば楕円軌道を描き (第1法則)，面積速度一定 (第2法則) である．

F：太陽，P：惑星，A：近日点とし，F$(c,0)$，F$'(-c,0)$，A$(a,0)$，$a \geq c \geq 0$ としよう．$r=$ FP, $r'=$ F$'$P とすれば，

$$r + r' = 2a$$

である．以下 $\theta = \angle$AFP, $\epsilon = \dfrac{c}{a}$, $b = \sqrt{a^2 - c^2}$ とおく．

FAP の面積 $S = \dfrac{b}{a}$(扇形 OAQ $-$ △OFQ)

$= \dfrac{ab}{2}\varphi - \dfrac{bc}{2}\sin\varphi = \dfrac{ab}{2}(\varphi - \epsilon\sin\varphi)$

17.2 2体問題への応用

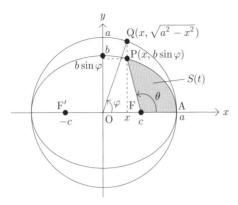

図 **17.2** ケプラーの第1法則・第2法則

($\varphi = \angle \mathrm{AOQ}$, $\mathrm{Q}(x, \sqrt{a^2 - x^2})$：図) である．第2法則は

$$\frac{dS}{dt} = 一定 \tag{17.7}$$

であるから，(17.7) より

$$\varphi - \epsilon \sin \varphi = kt \quad (t: 時刻, \ k: 定数) \tag{17.8}$$

となる．(17.8) をケプラー方程式と呼ぶ．$kt = \tau$ とするとき，$\varphi = \varphi(\tau)$ より時刻 t での P の位置が分かる．この問題をベッセルは考察した．

角 $\varphi(\tau)$ は τ の増加関数だが，公転周期後には同じ位置にくる．(17.8) より

$$\varphi(\tau) - \tau = \epsilon \sin \varphi(\tau) \tag{17.9}$$

であり，右辺は φ の ($= \tau$ の) 周期的な奇関数である．よってフーリエ展開

$$\varphi(\tau) - \tau = \sum_{n=1}^{\infty} A_n \sin(n\tau) \tag{17.10}$$

(注意 17.2.1) で表され，$\varphi(\tau) = \tau + \sum_{n=1}^{\infty} A_n \sin(n\tau)$ となる．

定理 17.2.1 (ベッセル)　(17.10) において，$A_n = \dfrac{2}{n} J_n(n\epsilon)$ である．

証明　下の (17.12) 式より $A_n = \dfrac{1}{\pi} \displaystyle\int_0^{2\pi} (\varphi(\tau) - \tau) \sin n\tau \, d\tau$ であるから，

$$A_n = \frac{1}{\pi}\left\{\left[(\varphi(\tau) - \tau)\frac{\cos n\tau}{-n}\right]_0^{2\pi} - \int_0^{2\pi}\left(\frac{d\varphi}{d\tau} - 1\right)\frac{\cos n\tau}{-n}\,d\tau\right\}$$

$$= \frac{1}{n\pi}\int_0^{2\pi}\cos n\tau\,\frac{d\varphi}{d\tau}\,d\tau - \frac{1}{n\pi}\int_0^{2\pi}\cos n\tau\,d\tau$$

$$= \frac{1}{n\pi}\int_0^{2\pi}\cos n(\varphi - \epsilon\sin\varphi)\,d\varphi \stackrel{(17.6)}{=} \frac{2}{n}J_n(n\epsilon) \qquad \square$$

問題 17.2.1 (ケプラー方程式の解) J_n の展開式と上の定理より,

$$A_1 = 2J_1(\epsilon) = \epsilon + O(\epsilon^3), \quad A_2 = J_2(2\epsilon) = \frac{\epsilon^2}{2} + O(\epsilon^4), \cdots$$

$$\therefore \quad \varphi = \tau + \epsilon\sin\tau + \frac{\epsilon^2}{2}\sin 2\tau + \cdots \quad (O(\epsilon^n) \text{ は } \epsilon \text{ の } n \text{ 次以上の項})$$

となることを確かめよ. 結果は人工天体の軌道計算にも用いられる.

注意 17.2.1 (フーリエ展開 Fourier expansion) $e^{in\theta}$ は次の直交関係をみたす.

$$\int_0^{2\pi}\overline{e^{in\theta}}\,e^{im\theta}\frac{d\theta}{2\pi} = \delta_{m,n} = \begin{cases} 1 & (m = n) \\ 0 & (m \neq n) \end{cases}$$

これらの1次結合で周期関数 $f(\theta) = f(\theta + 2\pi)$ を表すのがフーリエ展開である:

$$f(\theta) = \sum_{n=-\infty}^{\infty} c_n\,e^{in\theta} \tag{17.11}$$

このとき $c_n = \int_0^{2\pi}f(\theta)e^{-in\theta}\frac{d\theta}{2\pi}$ $\left(\because 右辺 = \int_0^{2\pi}\sum_{m=-\infty}^{\infty}c_m e^{im\theta}e^{-in\theta}\frac{d\theta}{2\pi} = c_n\right)$
である. f が奇関数なら, $\int_{-\pi}^{\pi}f(\theta)\cos n\theta\,d\theta = 0$ なので

$$c_n = \int_{-\pi}^{\pi}f(\theta)(-i\sin n\theta)\frac{d\theta}{2\pi} = -c_{-n}$$

$$\therefore \quad f(\theta) = \sum_{n=1}^{\infty}\left(c_n e^{in\theta} + c_{-n}e^{-in\theta}\right) = \sum_{n=1}^{\infty}c_n(e^{in\theta} - e^{-in\theta})$$

$$= \sum_{n=1}^{\infty}a_n\sin n\theta \quad \left(a_n = 2ic_n = \int_{-\pi}^{\pi}f(\theta)\sin n\theta\,\frac{d\theta}{\pi}\right) \tag{17.12}$$

となる. f が C^2 級ならば (17.12) の右辺は収束することが知られている.

17.3 複素数次数のベッセル関数[*]

ベッセルの方程式 (17.4) で，次数 n が複素数 ν のときを考えよう．

$$\left(t\frac{d}{dt}\right)^2 x(t) + (t^2 - \nu^2)x(t) = 0 \tag{17.13}$$

$t=0$ はやはり (17.13) の確定特異点であり，特性指数は $\pm\nu$ である．対応する解を $x_\pm(t)$ とおくと，

$$x_\pm(t) = t^{\pm\nu}\sum_{m=0}^\infty x_m t^m, \quad x_0 \neq 0 \text{ が (17.13) を満たす}$$

$$\iff \sum_{m=0}^\infty \left((\pm\nu + m)^2 - \nu^2\right) x_m t^m = -\sum_{m=0}^\infty x_m t^{m+2}$$

$$\therefore \ ((\pm\nu + m)^2 - \nu^2)x_m = 2m\left(\pm\nu + \frac{m}{2}\right)x_m = -x_{m-2} \tag{17.14}$$

である．$m=1$ のとき $2(\pm\nu+\frac{1}{2})x_1 = 0$ より，$\pm\nu \neq -\frac{1}{2}$ なら $x_1 = 0$．$\pm\nu = -\frac{1}{2}$ のときも $x_1 = 0$ とおけば，$x_3 = x_5 = \cdots = 0$．また，x_{2k} は x_0 できまる．

$$x_{2k} = \frac{-x_{2k-2}}{4k(\pm\nu+k)} = \frac{-1}{4k(\pm\nu+k)}\cdot\frac{-1}{4(k-1)(\pm\nu+k-1)}x_{2k-4} = \cdots$$

$$\therefore \ x_\pm(t) = t^{\pm\nu}\left(1 + \sum_{k=1}^\infty \frac{(-1)^k(t/2)^{2k}}{k!(\pm\nu+k)\cdots(\pm\nu+1)}\right)x_0$$

$J_n(t) = \dfrac{(t/2)^n}{\Gamma(n+1)} + \cdots$ (n は整数) と比較し，$x_0 = \dfrac{(1/2)^{\pm\nu}}{\Gamma(\pm\nu+1)}$ とすることで

定義 17.3.1 (第1種ベッセル関数) 次数 ν が複素数の $J_\nu(t)$ を次で定める．

$$J_\nu(t) = \sum_{k=0}^\infty \frac{(-1)^k(t/2)^{2k+\nu}}{k!\Gamma(\nu+k+1)} = \frac{(t/2)^\nu}{\Gamma(\nu+1)} - \frac{(t/2)^{\nu+2}}{2\Gamma(\nu+2)} + \cdots$$

ここで，$\Gamma(\nu)$ はガンマ関数 (付録C) である．n を自然数とすれば $\Gamma(n+1) = n!$ なので，この定義による J_n は定義 17.1.1 の J_n と一致している．J_{-n} についても，$\Gamma(0)^{-1} = \cdots = \Gamma(-n+1)^{-1} = 0$ なので，やはり一致している．

問題 17.3.1 (1) 級数 $J_\nu(t)$ の収束半径が無限大であることを示せ.
(2) $t^{-\nu}\frac{d}{dt}(t^\nu J_\nu(t)) = J_{\nu-1}(t)$, $t^\nu \frac{d}{dt}(t^{-\nu}J_\nu(t)) = -J_{\nu+1}(t)$ を示せ.

定理 17.3.1 ベッセル方程式 (17.13) の解空間について, $\nu \geq 0$ とすれば
(1) 2ν が整数でないとき, $J_\nu(t)$, $J_{-\nu}(t)$ は (17.13) の基本解をなす.
(2) $\nu = n + \frac{1}{2}$ ($n \geq 0$, 整数) のとき, $J_{n+1/2}$ と $J_{-n-1/2}$ が基本解系をなす.
(3) $\nu = n$ ($n \geq 0$, 整数) のとき, $J_n(t)$ と独立な次の形の解が存在する.

$$y(t) = J_n(t)\log t + t^{-n} \times (t \text{ のべき級数}) \tag{17.15}$$

証明 (1) は定理 15.2.1, (3) は定理 15.3.1 で $A = 1$ の場合である.
(2) のとき, $x_+(t) = t^{n+1/2}\sum_{m=0}^\infty x_m^+ t^m$ は $J_{n+1/2}(t)$ の定数倍となる.

$$x_-(t) = t^{-(n+1/2)}\sum_{m=0}^\infty x_m^- t^m$$

についても (17.14) より $x_{2k+1}^- = 0$ ($k = 0, 1, \ldots$) としてよく, $m = 2k$ のとき

$$((-\nu + 2k)^2 - \nu^2)x_{2k}^- = (-2\nu + 2k)2k x_{2k}^- = -x_{2k-2}^- \tag{17.16}$$

$2k = 2\nu$ となることはないので, x_{2k}^- ($k = 1, 2, \ldots$) が x_0^- で定まる. □

問題 17.3.2 (1) $J_{\frac{1}{2}}(t) = \sqrt{\frac{2t}{\pi}}\frac{\sin t}{t}$, $J_{-\frac{1}{2}}(t) = \sqrt{\frac{2t}{\pi}}\frac{\cos t}{t}$ が成り立つ. 両辺が同じ方程式を満たし, 級数展開の初項が同じことを見ることでこれらを示せ.
[ヒント: $\Gamma(\frac{1}{2}) = 2\int_0^\infty e^{-s^2}ds = \sqrt{\pi}$ (ガウスの積分) である.]
(2) (1) に問題 17.3.1(2) の漸化式を適用すれば, 半整数次数のベッセル関数は同様に三角関数を用いて表される. $J_{\pm 3/2}, J_{\pm 5/2}$ を求めよ. また次を示せ.

$$J_{n+1/2}(t) = \sqrt{\frac{2t}{\pi}}t^n\left(-\frac{1}{t}\frac{d}{dt}\right)^n\left(\frac{\sin t}{t}\right) \quad (n = 0, 1, 2, \ldots)$$

$j_n(t) = \sqrt{\frac{\pi}{2t}}J_{n+1/2}(t)$ を球ベッセル関数 (spherical Bessel function) と呼ぶ.

注意 17.3.1 (1) 定理 17.3.1(2) の $y(t)$ の拡張として, 複素数 ν に対し Y_ν を次で定め, 第 2 種ベッセル関数またはノイマン関数 (Neumann function) という.

$$Y_\nu(t) = \frac{J_\nu(t)\cos\pi\nu - J_{-\nu}(t)}{\sin\pi\nu} \quad (N_\nu(t) \text{ とも書く}) \tag{17.17}$$

ただし n が整数のときは $Y_n(t) = \lim_{\nu \to n} Y_\nu(t)$ とおく. すると任意の複素数 ν について, (17.13) の解空間の基底が J_ν, Y_ν で与えられる.

(2) J_ν, Y_ν は, ν, z が実数なら実数値である. これに対し, 複素数値である

$$H_\nu^\pm(t) = J_\nu(t) \pm iY_\nu(t) \tag{17.18}$$

を基本解として考えることもある. H_ν^+, H_ν^- をそれぞれ第 1 種, 第 2 種ハンケル関数 (Hankel function) という.

17.4 太 鼓 の 音*

膜の振動を表す**波動方程式** (wave equation) は次のようである.

$$\frac{\partial^2 u}{\partial t^2} = c^2 \Delta u \quad \left(\Delta u = \frac{\partial^2 u}{\partial x^2} + \frac{\partial^2 u}{\partial y^2}\right) \tag{17.19}$$

$u(t, x, y)$ は時刻 t における位置 (x, y) の膜の高さであり, c は正の定数である. 縁で膜が固定された円形の大鼓を半径 R の円板と見ると, 高さ u はディリクレ境界条件

$$u(t, x, y) = 0 \quad (x^2 + y^2 = R^2 \text{ のとき}) \tag{17.20}$$

を満たさなくてはならない. ベッセル関数の有名な応用であるこの問題を解いてみよう. まず $x = r\cos\theta, y = r\sin\theta$ とすれば, 次が成り立つ.

$$\frac{\partial^2 u}{\partial x^2} + \frac{\partial^2 u}{\partial y^2} = \left[\frac{1}{r}\frac{\partial}{\partial r}\left(r\frac{\partial}{\partial r}\right) + \frac{1}{r^2}\left(\frac{\partial}{\partial \theta}\right)^2\right] u$$

$u = T(t)\,\rho(r)\,\Theta(\theta)$ と仮定すれば, これより (17.19) は次と同値である.

$$T''(t)\rho(r)\Theta(\theta) = c^2 T(t)\left(\left(\rho''(r) + \frac{1}{r}\rho'(r)\right)\Theta(\theta) + \frac{1}{r^2}\rho(r)\Theta''(\theta)\right)$$

$$\therefore \quad \frac{T''}{c^2 T} = \frac{\rho'' + r^{-1}\rho'}{\rho} + \frac{1}{r^2}\frac{\Theta''}{\Theta} \quad (=: \lambda \text{ とおく}) \tag{17.21}$$

左辺は t のみによるが, 右辺は t によらないので, λ は定数である. すると

$$r^2\left(\frac{\rho'' + r^{-1}\rho'}{\rho} - \lambda\right) = -\frac{\Theta''}{\Theta} \quad (=: \mu \text{ とおく})$$

同様にして μ も定数となることが分かるから, 次を得る.

$$T'' = c^2 \lambda T, \quad \Theta'' = -\mu\Theta, \tag{17.22}$$

$$r^2\rho'' + r\rho' - (\lambda r^2 + \mu)\rho = 0 \tag{17.23}$$

ここで p.142 問題 17.1 のようにして $\lambda \leq 0$ が示される. したがって (17.22) は容易に解けて

$$T(t) = Ae^{i\sqrt{-\lambda}ct} + Be^{-i\sqrt{-\lambda}ct} = \tilde{A}\cos\sqrt{-\lambda}ct + \tilde{B}\sin\sqrt{-\lambda}ct$$

となる. また $\Theta(\theta + 2\pi) = \Theta(\theta)$ であるので, $\sqrt{\mu} = n$ (n は整数) であり

$$\Theta(\theta) = C\cos n\theta + D\sin n\theta$$

となる. ここで, $A, B, \tilde{A}, \tilde{B}, C, D$ は定数である. ゆえに (17.23) は

$$r^2\rho'' + r\rho' + (-\lambda r^2 - n^2)\rho = 0$$

となる. $\sqrt{-\lambda}\,r = z$ とおけば $r\frac{d}{dr} = z\frac{d}{dz}$ であり, これはベッセル関数の方程式

$$\left(z\frac{d}{dz}\right)^2\rho + (z^2 - n^2)\rho = 0$$

となる. 原点で発散しない解は J_n の定数倍のみであるから,

$$\rho(r) = KJ_n(z) = KJ_n(\sqrt{-\lambda}\,r) \quad (K \text{ は定数})$$

である. 境界条件より $\rho(R) = 0$ すなわち $J_n(\sqrt{-\lambda}\,R) = 0$ が必要である. $J_n(z)$ は図 17.1 のように無限個の零点を持つから, それらを $z = z_{n,l}$ ($l = 0, 1, 2, \ldots$; $z_{n,0} = 0 < z_{n,1} < z_{n,2} < \cdots$) とすれば

$$\sqrt{-\lambda} = \frac{z_{n,l}}{R} \quad (\text{ある } l \text{ に対して}) \tag{17.24}$$

$$\therefore \quad \rho(r) = \rho_{n,l}(r) = \tilde{K}_{n,l}J_n\left(\frac{z_{n,l}}{R}r\right) \quad (\tilde{K}_{n,l} \text{ は定数})$$

これで $\rho(r)$ が決定できた. $T(t)$ と $\Theta(\theta)$ を加法公式で整理すれば, 解

$$U_{n,l}(t, r, \theta) = \cos\left(c\frac{z_{n,l}}{R}(t - t_0)\right)J_n\left(c\frac{z_{n,l}}{R}r\right)\cos(n(\theta - \theta_0)) \tag{17.25}$$

を得る. 一般の解は, (17.25) の 1 次結合であることが知られている:

$$u(t, r, \theta) = \sum_{n,l=0}^{\infty} K_{n,l} U_{n,l}(t, r, \theta) \quad (K_{n,l} \text{ は定数})$$

注意 17.4.1 (1) t が十分大きいときの近似として,次が知られている[18, p.178].
$$J_n(t) \sim \sqrt{\frac{2}{\pi t}} \cos\left(t - \frac{\pi n}{2} - \frac{\pi}{4}\right) \quad \left(\sim \text{は} \frac{\text{左辺}}{\text{右辺}} \xrightarrow{|t|\to\infty} 1 \text{ の意}\right) \tag{17.26}$$
よって J_n の零点 $\{z_{n,l}\}$ も,遠方ではほぼ等間隔で分布するが,原点の近くでは規則性は崩れる.これは太鼓の音に音程を感じられないことの理由となる.

(2) 本節と同様に,ヘルムホルツ方程式 $\left(\frac{\partial^2}{\partial x^2} + \frac{\partial^2}{\partial y^2} + \frac{\partial^2}{\partial z^2}\right)u = \lambda u$ の解を球面極座標 (r, θ, φ) の「変数分離形」で求めることができ,結果は球ベッセル関数 (r) (p.138 問題 17.3.2) ×ルジャンドル多項式 $(\cos\theta)$ ×三角関数 (ϕ) の形となる.

問題 17.4.1 $f(t) = \sqrt{t} J_\nu(t)$ とおくと,次が成り立つことを確かめよ.
$$f''(t) = -\left(1 - \frac{\nu^2 - 1/4}{t^2}\right) f$$

よって右辺第 1 項のみに注目すれば,$J_n(t) \sim \frac{C}{\sqrt{t}} \cos(t - a)$ $(a, C$ は定数$)$ と考えられる.(17.26) はこの精密化といえる.

章末問題 17

17.1 一般に，D は穴のあいていない領域，C はそのなめらかな境界とすれば
$$\iint_D U \triangle U \, dxdy = \int_C U(U_x \, dy - U_y \, dx) - \iint_D (U_x^2 + U_y^2) \, dxdy$$
が成り立つ．ただし $\triangle U = U_{xx} + U_{yy}$ であり，C は正の向きに線積分する．
(1) D が長方形のとき (下図) これを示せ．

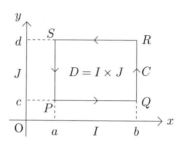

(2) D が半径 R の円板のときに示せ．
(3) $\triangle U = \lambda U$, $U|_C = 0$ ならば，$\lambda \leq 0$ であることを示せ．[ヒント: $\iint_D U^2 dxdy > 0$, $\iint_D (U_x^2 + U_y^2) dxdy > 0$ である．]

17.2 (**Whittaker**) P_n をルジャンドル多項式とすれば次が成り立つ．
$$J_{n+1/2}(t) = \sqrt{\frac{2t}{\pi}} \frac{1}{2i^n} \int_{-1}^{1} e^{ist} P_n(s) ds \quad (n = 0, 1, 2, \cdots) \tag{17.27}$$
(1) P_n の微分方程式から，右辺がベッセルの微分方程式を満たすことを示せ．
(2) $t^{n+1/2}$ の係数を P_n の性質に帰着させて求めることで，(17.27) を確かめよ．

17.3 超幾何微分方程式 $H(a, b, c)$ (章末問題 15) において $t = \frac{z}{b}$ とすれば
$$z\left(\frac{z}{b} - 1\right) \frac{d^2 u}{dz^2} + \left\{-c + (a+b+1)\frac{z}{b}\right\} \frac{du}{dz} + au = 0$$
となり，特異点 $t = 1$ は $z = b$ に変換される．$b \to \infty$ とすると
$$C(a, c) \quad : \quad z\frac{d^2 u}{dz^2} + (c - z)\frac{du}{dz} - au = 0 \tag{17.28}$$
を得る．$H(a, b, c)$ は $t = \infty$ ($\frac{1}{t} = 0$) も確定特異点とするので，この極限 $b \to \infty$ は 2 つの特異点を一致させる操作であり，合流 (confluent) と呼ばれる．
(1) 解について同じ極限操作を行えば，$F(a, c|z) = \lim_{b \to \infty} F(a, b, c|\frac{z}{b})$ が (17.28) の解となる．この解のべき級数表示を求めよ．
(2) $J_\nu(t) = \left(\frac{t}{2}\right)^\nu \frac{e^{-it}}{\Gamma(\nu+1)} F(\nu + \frac{1}{2}, 2\nu + 1|2it)$ を示せ．

Appendix A
解の存在と一意性

自励系とは限らない，$\mathbf{x}(t) = \begin{bmatrix} x(t) \\ y(t) \end{bmatrix} \in \mathbb{R}^2$ $(t \in \mathbb{R})$ の微分方程式

$$\begin{cases} \mathbf{x}'(t) = \mathbf{f}(t, \mathbf{x}(t)), \quad \text{ただし} \quad \mathbf{f}(t, \mathbf{x}) = \begin{bmatrix} f_1(t, x, y) \\ f_2(t, x, y) \end{bmatrix} \\ \mathbf{x}(t_0) = \mathbf{x}_0 \end{cases} \quad (A.1)$$

について，解の存在定理や一意性などの基本的な結果を紹介する．詳しくは伊藤[16, 1.3節]を見よ．

定理 A.1 (ペロンの存在定理) $\tau, \rho > 0$ として

$$D = \{(t, \mathbf{x}) \in \mathbb{R}^3 \,;\, |t - t_0| \leq \tau, \|\mathbf{x} - \mathbf{x}_0\| \leq \rho\}$$

とおく．f_1 と f_2 は，D 上連続であるとする．このとき，$|t - t_0| \leq \delta$ で (A.1) の解が存在する．ただし

$$\delta = \min\left(\tau, \frac{\rho}{M}\right), \; M = \max_D \|\mathbf{f}(t, \mathbf{x})\|$$

とする．

定義 A.1 $\mathbb{R}^3$ の領域 D で定義された関数 $\mathbf{f}$ が，D で $\mathbf{x}$ に関してリプシッツ条件 (Lipschitz condition) を満たすとは，ある正の定数 L が存在して

$$\|\mathbf{f}(t, \mathbf{x}_1) - \mathbf{f}(t, \mathbf{x}_2)\| \leq L\|\mathbf{x}_1 - \mathbf{x}_2\| \quad ((t, \mathbf{x}_1), (t, \mathbf{x}_2) \in D)$$

が成り立つことをいう．定数 L をリプシッツ定数 (Lipschitz constant) という．また，リプシッツ条件を満たす連続関数をリプシッツ連続関数 (Lipschitz continuous function) と呼ぶ．

定理 A.2 (コーシーの一意性・存在定理) $\tau, \rho > 0$ とし

$$D = \{(t, \mathbf{x}) \in \mathbb{R}^3 ; |t - t_0| \leq \tau, \|\mathbf{x} - \mathbf{x}_0\| \leq \rho\}$$

とする．$\mathbf{f}(t, \mathbf{x})$ は D 上リプシッツ連続関数とする．このとき，

$$\begin{cases} \mathbf{x}'(t) = \mathbf{f}(t, \mathbf{x}(t)) \quad (t_0 - \tau < t < t_0 + \tau) \\ \mathbf{x}(t_0) = \mathbf{x}_0 \end{cases} \tag{A.2}$$

を満たす解が，$t_0 - \delta < t < t_0 + \delta$ 上，ただ1つ存在する．ただし，

$$\delta = \min\left(\tau, \frac{\rho}{M}\right), \ M = \max_D \|\mathbf{f}(t, \mathbf{x})\|. \qquad \square$$

定理 A.1 は，$\mathbf{f}$ の連続性の仮定のみで時間的に小さい範囲で解を構成できることを，定理 A.2 は，$\mathbf{f}$ にリプシッツ連続性を仮定すれば，その解は1つしかないことを主張している．この本にとって重要な事実は次の系である．

系 A.1 f_1 と f_2 は，$\mathbb{R}^2$ 上リプシッツ連続関数とする．自励系

$$\begin{cases} \mathbf{x}'(t) = \mathbf{f}(\mathbf{x}(t)) = \begin{bmatrix} f_1(\mathbf{x}(t)) \\ f_2(\mathbf{x}(t)) \end{bmatrix} \\ \mathbf{x}(0) = \mathbf{x}_0 \end{cases} \tag{A.3}$$

を考える．このとき，(A.3) の解は，$-\infty < t < \infty$ でただ1つ存在する． $\square$

Appendix B
べき級数の微積分

べき級数
$$\sum_{n=0}^{\infty} a_n(t-t_0)^n = \lim_{N\to\infty} \sum_{n=0}^{N} a_n(t-t_0)^n \tag{B.1}$$
の基本をまとめておく.

命題 B.1 $f_n(t)$ $(n=1,2,\ldots)$ は $a \le t \le b$ 上の連続関数の列で,収束 $\lim_{n\to\infty} f_n(t) = f(t)$ は $a \le t \le b$ で一様であるとする.すなわち,任意の $\epsilon > 0$ に対し,ある $N > 0$ があって,以下が成立する:
$$n \ge N \Rightarrow |f_n(t) - f(t)| < \epsilon \quad (a \le t \le b) \tag{B.2}$$
このとき, f も $a \le t \le b$ で連続である.

証明 $\epsilon > 0$, $a \le t \le b$ とし,(B.2) の N をとる. f_N は t_0 で連続なので

$$\text{ある } \delta > 0 \text{ があって,} |t - t_0| < \delta \Longrightarrow |f_N(t) - f_N(t_0)| < \epsilon \tag{B.3}$$

すると, $|t - t_0| < \delta$ なる任意の t $(a \le t \le b)$ に対して

$$|f(t) - f(t_0)| \le |f(t) - f_N(t)| + |f_N(t) - f_N(t_0)| + |f_N(t_0) - f(t_0)| < 3\epsilon$$

ここで第1, 3項に (B.2) を,第2項に (B.3) を用いた. □

命題 B.2 (B.1) について,
(1) ある $t = t_1$ で収束すれば, $|t - t_0| < |t_1 - t_0|$ を満たす t について絶対収束する.すなわち,各項の絶対値をとった級数 $\sum_{n=0}^{\infty} |a_n(t-t_0)^n|$ が収束する.
(2) ある $t = t_1$ で発散すれば, $|t - t_0| > |t_1 - t_0|$ なる t について発散する.

証明 $t_0 = 0$ としてよい.

(1) 収束するから, $a_n t_1^n \to 0$. とくに $a_n t_1^n$ は有界である. $|a_n t_1^n| < M$ (すべての n について) とすれば, $|t| < |t_1|$ のとき

$$|a_n t^n| = |a_n t_1^n| \left|\frac{t}{t_1}\right|^n \leq M \left|\frac{t}{t_1}\right|^n$$

$$\therefore \sum_{n=0}^{N} |a_n t^n| \leq M \sum_{n=0}^{N} \left|\frac{t}{t_1}\right|^n \to \frac{M}{1-|t/t_1|} \quad (N \to \infty).$$

$|\sum_{n=m}^{N} a_n t^n| < \sum_{n=m}^{N} |a_n t^n| \to 0 \quad (m, N \to \infty)$ より, このとき $\sum_{n=0}^{\infty} a_n z^n$ も収束する.

(2) のとき, $|t| > |t_1|$ なる $|t|$ で収束したとすると (1) に矛盾する. □

そこで, 一般に (B.1) において, 収束するときの $|t - t_0|$ の上限 (これより大では収束しないという値) を ρ と書くと, $|t - t_0| < \rho$ ならば (B.1) は収束する. ρ をこのべき級数の**収束半径** (radius of convergence) と呼ぶ.

注意 B.1 (1) 上限が無限大である (任意の $|t - t_0|$ で収束する) ときの収束半径は ∞ と, また $t = t_0$ 以外で収束しないときの収束半径は 0 と定める.

(2) $r < \rho$ であれば, 収束 $\sum_{n=0}^{N} a_n (t - t_0)^n \xrightarrow{n \to \infty} \sum_{n=0}^{\infty} a_n (t - t_0)^n$ は $|t - t_0| \leq r$ の範囲で一様だから, 極限は $|t - t_0| \leq r$ についての連続関数となる. r は ρ まで大きくとれるので, $|t - t_0| < \rho$ で連続ということになる.

命題 B.3 極限 $\lim_{n \to \infty} \left|\frac{a_n}{a_{n+1}}\right| = \rho$ が存在すれば, ρ が収束半径を与える.

証明 $t_0 = 0$ で考える. $L < \rho$ とすれば, $|t| \leq L$ のとき, 十分大きい N について $|a_N/a_{N+1}| > L$ であるから $|a_{N+k}| < |a_N|/L^k$ $(k = 1, 2, \dots)$ としてよい.

$$\sum_{n=N+1}^{\infty} |a_n t^n| < \sum_{n=N+1}^{\infty} |a_N| |t|^n / L^{n-N} = |a_N| L^N \sum_{n=N+1}^{\infty} (|t|/L)^n < \infty$$

上のことがすべての $L < \rho$ で成り立つから, ρ が収束半径となる. なお, $\rho = \infty$ のとき, 任意の t で収束することも分かる. □

命題 B.4 (項別微分) $f(t) = \sum_{n=0}^{\infty} a_n (t - t_0)^n$ の収束半径が ρ のとき, $g(t) = \sum_{n=1}^{\infty} n a_n (t - t_0)^{n-1}$ の収束半径も ρ であり, $\frac{d}{dt} f(t) = g(t)$ $(|t - t_0| < \rho)$ である.

証明 $t_0 = 0$ として考え，$g(t)$ の収束半径を r とする．$|a_n t^n| < n|a_n t^n|$ より，$|t| < r$ ならば $\sum_{n=1}^{\infty} a_n t^n$ は収束する．つまり $r \leq \rho$ である．

一方 $|t| < L < \rho$ とすると，$\sum_{n=1}^{\infty} |a_n| L^n$ は収束するので，ある M があって $|a_n L^n| < M (n=1, 2, \ldots)$ このとき

$$\sum_{n=1}^{\infty} |na_n t^{n-1}| = \sum_{n=1}^{\infty} n|a_n L^{n-1}| \left|\frac{t}{L}\right|^{n-1} < M \sum_{n=1}^{\infty} n \left|\frac{t}{L}\right|^{n-1} \tag{B.4}$$

(B.4) の右辺は $M\left(1 - \left|\frac{t}{L}\right|\right)^{-2}$ に収束する．よって $\rho \leq r$．

以上より $r = \rho$ である．さらに，$|t| < |t+h| \leq L < \rho$ とすれば

$$\left|\frac{f(t+h) - f(t)}{h}\right| \leq \sum_{n=0}^{\infty} \left|a_n \frac{(t+h)^n - t^n}{h}\right|$$

$$= \sum_{n=0}^{\infty} |a_n| \left|(t+h)^{n-1} + (t+h)^{n-2}t + \cdots + t^{n-1}\right| \leq \sum_{n=0}^{\infty} |a_n| \cdot nL^{n-1} < \infty$$

これは h について $|h| \leq L - |t|$ で一様な絶対収束なので，極限は h について連続で，$h \to 0$ とすれば，$f'(t) = \sum_{n=0}^{\infty} na_n t^{n-1} = g(t)$． □

系 B.1（原始関数）$na_n = b_n\ (n > 0)$ とすれば，$g(t) = \sum_{n=1}^{\infty} b_n (t-t_0)^{n-1}$ に対し，$f(t) = a_0 + \sum_{n=0}^{\infty} \frac{b_n}{n}(t-t_0)^n$（$a_0$ は任意）は同じ収束半径を持ち，$f'(t) = g(t)$ となる．

以上より，収束するべき級数について，微積分は項別に行うことができる．

命題 B.5 ある $r > 0$ があって，$|t - t_0| < r$ において 2 つの収束するべき級数は $\sum_{n=0}^{\infty} a_n(t-t_0)^n = \sum_{n=0}^{\infty} b_n(t-t_0)^n$ を満たす．このとき $a_n = b_n (n = 0, 1, 2, \ldots)$．

証明 両辺を $f(t)$ とおけば，$a_n = n! f^{(n)}(t_0) = b_n$ である． □

注意 B.2 以上ではべき級数に実数を代入することを考えたが，t, t_0 に複素数 z, z_0 を代入した場合も結果は同様に成り立つ．たとえば収束半径が ρ のべき級数には $|z - z_0| < \rho$ である複素数を代入できる（収束する）．

Appendix C
複素数の指数関数とガンマ関数

C.1 複素数の指数関数

複素数の指数関数を，指数関数のテイラー展開に複素数 z を代入した式

$$e^z = 1 + \frac{z}{1!} + \frac{z^2}{2!} + \cdots + \frac{z^n}{n!} + \cdots \tag{C.1}$$

で定める．右辺の収束半径は ∞ なので，任意の複素数に対し絶対収束する．

命題 C.1 z と w は複素数，x と y は実数とする．
(0) $\displaystyle\lim_{n\to\infty}\left(1+\frac{z}{n}\right)^n = e^z$ （任意の複素数 z に対して）
(1) $e^{z+w} = e^z e^w$
(2) $e^{x+iy} = e^x(\cos y + i\sin y)$ （オイラーの公式）
(3) $\dfrac{d}{dz}e^z = e^z$

証明 (0) x が実数のとき

$$\left(1+\frac{x}{n}\right)^n = 1 + x + \frac{n(n-1)}{2}\left(\frac{x}{n}\right)^2 + \frac{n(n-1)(n-2)}{3!}\left(\frac{x}{n}\right)^3 + \cdots + \left(\frac{x}{n}\right)^n$$
$$\to e^x \quad (n\to\infty)$$

であった．すなわち，各 x^k (k は自然数) の係数について

$$\frac{n(n-1)\cdots(n-k+1)}{k!}\left(\frac{1}{n}\right)^k \to \frac{1}{k!} \quad (n\to\infty)$$

であるから，x が実数か複素数かに関係なく (0) が成り立つことがわかる．

(1) は，テイラー展開による実数の場合の証明を繰り返せばよい．

$$e^z e^w = \left(\sum_{m=0}^\infty \frac{z^m}{m!}\right)\left(\sum_{n=0}^\infty \frac{w^n}{n!}\right) = \sum_{m,n=0}^\infty \frac{z^m}{m!}\frac{w^n}{n!} \quad (0! = 1 \text{ とする})$$

$$= \sum_{N=0}^{\infty} \sum_{m=0}^{N} \frac{z^m w^{N-m}}{m!(N-m)!} \quad (m+n=N \text{ とおいた：9.3 節の図 9.1 参照})$$

$$= \sum_{N=0}^{\infty} \frac{1}{N!} \sum_{m=0}^{N} \frac{N!}{m!(N-m)!} z^m w^{N-m} \stackrel{(*)}{=} \sum_{N=0}^{\infty} \frac{(z+w)^N}{N!} = e^{z+w}$$

ここで $(*)$ で 2 項展開の公式を用いた．また，無限級数の扱いは形式的であるが，絶対収束級数なので正当化は容易である．

(2) は (1) より，$e^{iy} = \cos y + i \sin y$ を示せばよい．

$$\cos y = 1 - \frac{y^2}{2} + \frac{y^4}{4!} - \cdots = 1 + \sum_{k=1}^{\infty} (-1)^k \frac{y^{2k}}{(2k)!}$$

$$\sin y = y - \frac{y^3}{3!} + \frac{y^5}{5!} - \cdots = \sum_{k=1}^{\infty} (-1)^k \frac{y^{2k+1}}{(2k+1)!}$$

であったから，絶対収束級数は項の順序を変えても和が変わらないことを用いて

$$e^{iy} = 1 + \sum_{n=1}^{\infty} \frac{(iy)^n}{n!} = 1 + \sum_{\substack{n=2k \\ k \geq 1}} \frac{(iy)^{2k}}{(2k)!} + \sum_{\substack{n=2k+1 \\ k \geq 0}} \frac{(iy)^{2k+1}}{(2k+1)!}$$

$$= \cos y + i \sin y$$

ここで，絶対収束級数 $\sum_{n=1}^{\infty} a_n, \sum_{n=1}^{\infty} b_n$ について，$\sum_{n=1}^{\infty} (a_n + b_n)$ も絶対収束し

$$\sum_{n=1}^{\infty} a_n + \sum_{n=1}^{\infty} b_n = \sum_{n=1}^{\infty} (a_n + b_n)$$

となる，という性質を途中で用いた ($\cos, \sin$ の級数を，それぞれ $a_{2n-1} = 0, b_{2n} = 0$ である級数として考えれば良い)．

(3) は，項別に微分すると $\frac{d}{dz} \frac{z^{n+1}}{(n+1)!} = \frac{z^n}{n!}$ であることから成り立つ (複素関数としての微分については，付録 D.2 節を見よ)． $\square$

注意 C.1 (2) よりとくに，次の有名な式が得られる．

$$e^{\pi i} = \cos \pi = -1 \quad \therefore \quad e^{\pi i} + 1 = 0$$

また，(2) を逆に解けば，三角関数が指数関数で表される．

$$\cos y = \frac{e^{iy} + e^{-iy}}{2}, \quad \sin y = \frac{e^{iy} - e^{-iy}}{2i}$$

これを双曲線関数 $\cosh x = \dfrac{e^x + e^{-x}}{2}, \sinh x = \dfrac{e^x - e^{-x}}{2}$ と比較すると

$$\cosh(iy) = \cos y, \quad \sinh(iy) = i \sin y$$

である.

注意 C.2 (べき関数と対数関数)　指数関数を用いれば，$z = re^{i\theta}$ ($r \geq 0$) の複素数 ν 乗を

$$z^\nu = r^\nu e^{i\nu\theta}, \quad \text{ただし } r^\nu = e^{\nu \log r} \tag{C.2}$$

で定義できる．ただし，θ を $\theta + 2\pi$ に取り替えても z は変わらないが，z^ν は

$$r^\nu e^{i\nu(\theta + 2\pi)} = \left(r^\nu e^{i\nu\theta} \right) e^{2\pi i \nu} \tag{C.3}$$

のように，$e^{2\pi i \nu}$ 倍となる (多価性)．ν が整数のときのみ多価性は生じない．

(C.2) は，

$$z^\nu = e^{\nu \log z}, \quad \text{ただし } \log z = \log(re^{i\theta}) = \log r + i\theta$$

と見ることもできる．ここで $\log z$ の虚数部分 $i\theta$ を $i(\theta + 2n\pi)$ (n は整数) としても，

$$e^{\log(re^{i(\theta+2n\pi)})} = e^{\log(re^{i\theta})} = z$$

である．$\log z$ のこの多価性により z^ν も多価となる．

C.2　ガンマ関数

ガンマ関数は，自然数の階乗を複素数の場合まで一般化するものである．

x と n が自然数のとき，次が成り立つことに注意する．

$$\begin{aligned}\frac{x!}{x} &= \frac{1}{x} \frac{(x+n)!}{(x+1)(x+2)\cdots(x+n)} \\ &= \frac{1}{x} \frac{n!}{(x+1)\cdots(x+n)} \left(\frac{n+1}{n} \cdots \frac{n+x}{n} \right) n^x \end{aligned} \tag{C.4}$$

この値は n によらないが，$n \to \infty$ のとき (C.4) の ( ) 内は 1 になるので

$$(x-1)! = \lim_{n\to\infty} \frac{1}{x} \frac{n! n^x}{(x+1)(x+2)\cdots(x+n)} \quad (= \Gamma(x) \text{ とおく}) \tag{C.5}$$

(C.5) の右辺の極限は x が自然数でなくても意味を持つことが示されるので [島倉[10], p.228]，これを $\Gamma(x)$ とおく．ただし $x = 0, -1, -2, \cdots$ のときは，(C.5) で $1/0$ が現れるので

$$\Gamma(0) = \Gamma(-1) = \cdots = \infty \tag{C.6}$$

とみなす．定義より

$$\Gamma(1) = 1, \quad \Gamma(x+1) = x! \quad (x = 0, 1, 2, \ldots) \tag{C.7}$$

である．また，(C.5) より次が成り立つ．

命題 C.2　　　$\Gamma(x+1) = x\Gamma(x)$　　　(x は実数, $x \neq 0, -1, -2, \ldots$)

証明　$\dfrac{\dfrac{1}{x+1}\dfrac{n!n^{x+1}}{(x+2)(x+3)\cdots(x+n+1)}}{\dfrac{1}{x}\dfrac{n!n^x}{(x+1)(x+2)\cdots(x+n)}} = \dfrac{xn}{x+n+1} \stackrel{n\to\infty}{\longrightarrow} x$　　□

注意 C.3 (積分による定義)　正の数 x と自然数 n に対し
$\Gamma_n(x) = \displaystyle\int_0^n \left(1 - \dfrac{t}{n}\right)^n t^{x-1} dt$ とおくと, 部分積分をくりかえすことにより

$$\begin{aligned}
\Gamma_n(x) &= \left[\left(1-\frac{t}{n}\right)^n \frac{t^x}{x}\right]_{t=0}^n + \frac{n}{n}\int_0^n \left(1-\frac{t}{n}\right)^{n-1} \frac{t^x}{x} dt \\
&= \frac{1}{x}\int_0^n \left(1-\frac{t}{n}\right)^{n-1} t^x dt = \frac{n-1}{n}\frac{1}{x}\int_0^n \left(1-\frac{t}{n}\right)^{n-2} \frac{t^{x+1}}{x+1} dt = \cdots \\
&= \frac{n!}{n^n} \frac{1}{x(x+1)\cdots(x+n-1)} \int_0^n t^{x+n-1} dt = \frac{n!n^x}{x(x+1)\cdots(x+n)}
\end{aligned}$$

が分かる. (C.5) と比べれば, $n \to \infty$ の極限で

$$\int_0^\infty e^{-t} t^{x-1} dt \quad \left(= \lim_{n\to\infty} \int_0^n \left(1-\frac{t}{n}\right)^n t^{x-1} dt\right) = \Gamma(x) \tag{C.8}$$

を得る. (C.8) をガンマ関数の定義とすることもできる.

Appendix D

線積分と複素関数

D.1 線積分

すでに第5章において，$P_y = Q_x$ のとき $dF = Pdx + Qdy$ を満たす $F(x,y)$ の表示を 2 通り示した ((5.21), (5.26) 参照).

$$F(x,y) = \int_{x_0}^{x} P(s, y_0)\,ds + \int_{y_0}^{y} Q(x, t)\,dt \tag{D.1}$$

$$= \int_{y_0}^{y} Q(x_0, t)\,dt + \int_{x_0}^{x} P(s, y)\,ds \tag{D.2}$$

これらは，(x_0, y_0) から (x, y) に至る経路を 2 通りに考えて得られた．より一般に任意の曲線に沿った線積分として，同じ F を求めることができる．

定義 D.1 1 次微分形式 $P(x,y)dx + Q(x,y)dy$ のなめらかな曲線 $\mathbf{p}(t) = (x(t), y(t))$ $(t_0 < t < t_1)$ に沿った線積分 (contour integral) を，次で定める．

$$\int_{\mathbf{p}} (Pdx + Qdy) = \int_{t=t_0}^{t_1} \left\{ P(x(t), y(t))\frac{dx(t)}{dt} + Q(x(t), y(t))\frac{dy(t)}{dt} \right\}\,dt$$

(左辺を右辺で定める) (D.3)

これは，$dx = \frac{dx}{dt}dt$, $dy = \frac{dy}{dt}dt$ と見て，t での積分を考えた．曲線のパラメータを $t = t(s)$ $(t(s_0) = t_0, t(s_1) = t_1)$ と変数変換したとすれば，右辺は

$$\int_{s=s_0}^{s_1} \left\{ P(x(t(s)), y(t(s)))\frac{dx(t)}{dt} + Q(x(t(s)), y(t(s)))\frac{dy(t)}{dt} \right\} \frac{dt}{ds} ds$$

となり，通常の積分と同様に線積分も変数変換ができる．

曲線 $\mathbf{p}(t)$ を線積分の積分路ともいう．なめらかでない，折れ線あるいは曲線 $\mathbf{p}_1(t), \mathbf{p}_2(t)$ をつなぎあわせた場合も，なめらかな部分の和として

$$\int_{\mathbf{p}_1 + \mathbf{p}_2} (Pdx + Qdy) = \int_{\mathbf{p}_1} (Pdx + Qdy) + \int_{\mathbf{p}_2} (Pdx + Qdy) \tag{D.4}$$

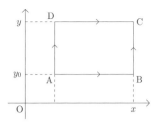

図 D.1　長方形のまわりの積分路 (注意 D.1)

により線積分を考える (積分路が n 個の部分 $\mathbf{p}_1, \cdots, \mathbf{p}_n$ からなる場合も同様である). このように, 1次微分形式は曲線に沿って積分することができる.

注意 D.1　長方形 ABCD を, $\mathrm{A}(x_0, y_0), \mathrm{B}(x, y_0), \mathrm{C}(x, y), \mathrm{D}(x_0, y)$ とする.
(1)　A から C への経路を, AB + BC として考える.

$$\mathrm{AB}: \mathbf{p}_1(s) = (x_0 + s(x - x_0), y_0) \quad (0 \leq s \leq 1)$$
$$\mathrm{BC}: \mathbf{p}_2(t) = (x, y_0 + t(y - y_0)) \quad (0 \leq t \leq 1)$$

とすれば, AB + BC に沿った線積分が (D.1) 式の積分である (確かめよ).

$$\int_{\mathrm{AB+BC}} (P dx + Q dy) = \text{(D.1)}$$

(2)　同様に辺 AD, DC の点をパラメータをつけて表し, 積分路 AD + DC に沿った線積分が (D.2) である.

P, Q がなめらかで $P_y = Q_x$ であれば, 問 D.1 の線積分は始点 A と終点 C のみで定まるというのが, (D.1) = (D.2) という等式である. より一般に,

定理 D.1　P, Q は C^2 級で $P_y = Q_x$ とする. このとき, $P dx + Q dy$ の線積分 (D.3) は, 曲線 $\mathbf{p}(t)$ によらず, 始点と終点のみで定まる.

とくに, (5.21), (5.26) と同じ積分値が, (x_0, y_0) と (x, y) を結ぶ任意の積分路を考えても得られる. これは, 登山ルートをどのようにとっても, 登山に必要なエネルギー (積分) は, どれだけの標高差を登ったかによるということの数学的表現である. 積分路のとり方で計算が簡単になる場合もあり, 応用上も重要である.

定理の証明　ここでは簡単のため, 2つの曲線が $\mathbf{p}(s) = (s, y(s)), \tilde{\mathbf{p}}(s) = (s, \tilde{y}(s))$ $(s_0 \leq s \leq s_1)$ と書けて, かつ $y, \tilde{y}$ がともに単調増加であり

$$y(s) < \tilde{y}(s) \quad (s_0 < s < s_1) \tag{D.5}$$

$$y(s_0) = \tilde{y}(s_0) = y_0, \quad y(s_1) = \tilde{y}(s_1) = y_1 \tag{D.6}$$

である場合に示してみよう．これは，2 曲線の両端は同じ点で，それ以外では曲線 **p** より曲線 $\tilde{\mathbf{p}}$ の方が上にあるということである (注意 5.3.1(2) 参照)．

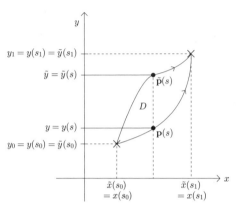

図 **D.2** 定理 D.1 の証明

p に沿った積分 I は，$x(s) = s$ だから $\dfrac{dx}{ds} = 1$ であり，

$$I = \int_{s_0}^{s_1} \left(P(s, y(s)) + Q(s, y(s)) \frac{dy(s)}{ds} \right) ds \tag{D.7}$$

となる．$\tilde{\mathbf{p}}$ に沿った積分 $\tilde{I}$ は，この式の $y(s)$ を $\tilde{y}(s)$ にしたものとなる．

$$\therefore \quad \tilde{I} - I = \int_{s_0}^{s_1} \left(P(s, \tilde{y}(s)) - P(s, y(s)) \right) ds$$
$$+ \int_{s_0}^{s_1} \left(Q(s, \tilde{y}(s)) \frac{d\tilde{y}}{ds} - Q(s, y(s)) \frac{dy}{ds} \right) ds \tag{D.8}$$

すると，右辺第 1 項 $= \displaystyle\int_{s_0}^{s_1} \left(\int_{y(s)}^{\tilde{y}(s)} \frac{\partial P}{\partial y} dy \right) dx = \iint_D \frac{\partial P}{\partial y} dx dy$ である．また第 2 項は，$y = y(x), \tilde{y}(x)$ の逆関数 $x = x(y), \tilde{x}(y)$ により変数変換すれば，$\dfrac{dy}{dx} dx = dy$ と $x(y_0) = \tilde{x}(y_0) = s_0, x(y_1) = \tilde{x}(y_1) = s_1$ より，

$$\text{第 2 項} = \int_{y=y_0}^{y_1} \left(Q(\tilde{x}(y), y) - Q(x(y), y) \right) dy$$
$$= \int_{y_0}^{y_1} \int_{s=x(y)}^{\tilde{x}(y)} \frac{\partial Q}{\partial s}(s, y) ds dy = - \int_{y_0}^{y_1} \int_{s=\tilde{x}(y)}^{x(y)} \frac{\partial Q}{\partial s}(s, y) ds dy$$

ここで $y(x) < \tilde{y}(x)$ より $\tilde{x}(y) < x(y)$ であるので，x の区間を逆にした．

$$\therefore \quad (\text{D.8}) = \int\int_D \frac{\partial P}{\partial y}\, dxdy - \int\int_D \frac{\partial Q}{\partial x}\, dxdy$$

ただし D は 2 曲線 $y(s), \tilde{y}(s)$ の囲む部分を意味する．$P_y = Q_x$ であったからこれは 0 となる．$\therefore I = \tilde{I}$. □

D.2 複素関数の微積分

$z = x + iy$ (x, y は実数) のとき，$z^2 = (x^2 - y^2) + 2ixy$ である．一般に，級数 $\sum_{n=0}^{\infty} c_n t^n$ の t に複素数 $z = x + iy$ を代入すると，2 変数 x, y の複素数値関数が得られるが，それは「$\bar{z}$ によらない」という特徴を持つ．

一般のなめらかな 2 変数関数を $f(x,y) = f(\frac{z+\bar{z}}{2}, \frac{z-\bar{z}}{2i})$ と見ると

$$\frac{\partial f}{\partial x} = \frac{\partial z}{\partial x}\frac{\partial f}{\partial z} + \frac{\partial \bar{z}}{\partial x}\frac{\partial f}{\partial \bar{z}} = \frac{\partial f}{\partial z} + \frac{\partial f}{\partial \bar{z}} \tag{D.9}$$

$$\frac{\partial f}{\partial y} = \frac{\partial z}{\partial y}\frac{\partial f}{\partial z} + \frac{\partial \bar{z}}{\partial y}\frac{\partial f}{\partial \bar{z}} = i\frac{\partial f}{\partial z} - i\frac{\partial f}{\partial \bar{z}} \tag{D.10}$$

と考えられる．逆に解くと，

$$\frac{\partial f}{\partial z} = \frac{1}{2}\left(\frac{\partial}{\partial x} - i\frac{\partial}{\partial y}\right)f, \quad \frac{\partial f}{\partial \bar{z}} = \frac{1}{2}\left(\frac{\partial}{\partial x} + i\frac{\partial}{\partial y}\right)f$$

f が $\bar{z}$ によらないという条件は，次で表される．

$$\frac{\partial f}{\partial \bar{z}} = 0 \tag{D.11}$$

これをコーシー–リーマンの関係式 (Cauchy–Riemann relation) という．

命題 D.1 $f(z) = f_1(x,y) + if_2(x,y)$ と書くと

$$\frac{\partial f}{\partial \bar{z}} = 0 \iff \begin{cases} \dfrac{\partial f_1}{\partial x} = \dfrac{\partial f_2}{\partial y} \\ \dfrac{\partial f_1}{\partial y} = -\dfrac{\partial f_2}{\partial x} \end{cases} \tag{D.12}$$

例 D.1 $f(z) = z^2$ のとき，$f_1 = x^2 - y^2$, $f_2 = 2xy$ であり

$$\frac{\partial}{\partial x}(x^2 - y^2) = 2x = \frac{\partial}{\partial y}(2xy), \quad \frac{\partial}{\partial y}(x^2 - y^2) = -2y = -\frac{\partial}{\partial x}(2xy) \quad □$$

逆に，平面上の関数 $f(x,y) = f_1 + if_2$ がある点 $z_0 = x_0 + iy_0$ で実部 f_1，虚部 f_2 ともに C^1 級で，かつ (D.12) を満たせば，

$$f(x,y) = \sum_{n=0}^{\infty} c_n(z-z_0)^n \qquad (z = x + iy)$$

のように $z - z_0$ のべき級数で表されることが知られている．(D.12) を満たす関数を (複素) 正則関数と呼び，1 変数関数のように $f(z)$ などと書く．またこのとき，$\dfrac{\partial f}{\partial z}$ を $\dfrac{df}{dz}$ と書く．定義より，ある点 z_0 を中心とする z のべき級数は，その点のまわりで，収束半径の内側で正則関数を定める．

$\dfrac{d}{dz} = \dfrac{1}{2}\left(\dfrac{\partial}{\partial x} - i\dfrac{\partial}{\partial y}\right)$ は通常の微分作用素の 1 次結合であるから，やはり

$$\frac{d}{dz}(fg) = \frac{df}{dz}g + f\frac{dg}{dz} \tag{D.13}$$

(ライプニッツ則) を満たす．$\dfrac{d}{dz}z = 1$ と合わせて，帰納的に次が成り立つ．

命題 D.2 自然数 n に対し，$\quad \dfrac{d}{dz}z^n = nz^{n-1}$

べき級数 $\sum_{n=0}^{\infty} c_n z^n$ に実数を代入して得られる関数について，収束する限り

$$\left(\sum_{n=0}^{\infty} c_n z^n\right)' = \sum_{n=1}^{\infty} nc_n z^{n-1} \tag{D.14}$$

であった．命題 D.2 は，微分 ( )′ を複素微分 $\dfrac{d}{dz}$ と見なすことで，べき級数の微分公式と見ることができる．

次に積分について考える．形式的な計算をすると，

$$\begin{aligned}f(z)dz &= (f_1 + if_2)(dx + idy) \\&= (f_1 + if_2)dx + (if_1 - f_2)dy \quad (= Pdx + Qdy \quad \text{とおく})\end{aligned} \tag{D.15}$$

命題 D.3 コーシー–リーマンの関係式は，$Pdx + Qdy$ が完全形式 (p.31 注意 5.2.2 参照) であることと同値である．

$$(\text{D.15}) \text{ の完全条件 } P_y = Q_x \iff (\text{D.12})$$

証明 $P_y = \dfrac{\partial}{\partial y}(f_1 + if_2)$, $Q_x = \dfrac{\partial}{\partial x}(if_1 - f_2)$ である. $P_y = Q_x$ の両辺の虚部を比べれば (D.12) の第1式が, 実部を比べれば第2式が得られる. □

そこで, $f(z)$ がある曲線 $C : z(t) = x(t) + iy(t)$ $(t_0 < t < t_1)$ 上で正則ならば, 線積分

$$\int_C f(z)dz = \int_{t_0}^{t_1}\left(P(x(t),y(t))\frac{dx}{dt}(t) + Q(x(t),y(t))\frac{dy}{dt}(t)\right)dt$$

が考えられる. これを正則関数 $f(z)$ の曲線 C に沿った (複素) 積分と呼ぶ.

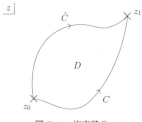

図 **D.3** 複素積分

定理 D.1 により, 曲線 $\tilde{C}$ が C と同じ始点 z_0 と終点 z_1 を持ち, C と $\tilde{C}$ が囲む領域 D の中で $f(z)$ が正則ならば,

$$\int_C f(z)dz = \int_{\tilde{C}} f(z)dz$$

である (図 D.3). すなわち, 積分が始点と終点で定まっているものと見なすことができる.

$dF(z)/dz = f(z)$ となる $F(z)$ を $f(z)$ の原始関数と呼ぶ. すると, 曲線 $C : z(t) = x(t) + iy(t)$ $(t_0 \leq t \leq t_1)$ に沿って

$$\frac{d}{dt}F(z(t)) = \frac{dF}{dz}\frac{dz(t)}{dt} = f(z(t))\frac{dz(t)}{dt}$$

$$\therefore \int_C f(z)dz = \int_{t_0}^{t_1} f(z(t))\frac{dz(t)}{dt}dt$$
$$= \int_{t_0}^{t_1} \frac{dF(z(t))}{dt}dt = [F(z(t))]_{t_0}^{t_1} = F(z(t_1)) - F(z(t_0))$$

とくに, 通常の実数値多項式の場合と同様に, 次が成り立つ.

命題 D.4 整数 $n \neq -1$ について

$$\int_{z_0}^{z_1} z^n dz = \frac{z_1^{n+1}}{n+1} - \frac{z_0^{n+1}}{n+1}$$

とくに，閉曲線を積分路とする積分は 0 となる．

一方 $n = -1$ のときは，$C_r : z = re^{it} (0 \leq t \leq 2\pi)$ を原点を 1 周する図 D.4 の積分路とすると

$$\frac{dz}{dt} = r\frac{d}{dt}(\cos t + i \sin t) = -r \sin t + ir \cos t = ire^{it}$$

$$\therefore \int_{C_r} \frac{dz}{z} = \int_{t=0}^{2\pi} \frac{ire^{it}}{re^{it}} dt = 2\pi i \qquad (D.16)$$

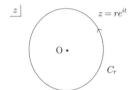

図 **D.4** 円周に沿った線積分

和と積分の順序交換を認めれば，級数 $z^{-n-1}(a_0 + a_1 z^1 + a_2 z^2 + \cdots)$ の複素積分も各項を積分すればよく，次が成り立つことになる．

定理 D.2 級数 $f(z) = a_0 + a_1 z + a_2 z^2 + \cdots$ の収束半径が $\rho > 0$ のとき

$$\frac{1}{2\pi i} \int_{C_r} \left(a_0 + a_1 z^1 + a_2 z^2 + \cdots \right) \frac{dz}{z^{n+1}} = a_n$$

ここで $0 < r < \rho$ とする．すなわち，次が成り立つ．

$$a_n = \frac{f^{(n)}(0)}{n!} = \frac{1}{2\pi i} \int_{C_r} \frac{f(z)}{z^{n+1}} dz \qquad (D.17)$$

とくに絶対値をとれば，次が成り立つ．

定理 D.3 (コーシーの評価式) 級数 $f(z) = \sum_{k=0}^{\infty} a_k z^k$ の収束半径を ρ とし，$0 < r < \rho$ に対し $|f(z)| < M$ ($|z| \leq r$) とすれば，次が成り立つ．

$$|a_n| < \left| \frac{1}{2\pi i} \int_{C_r} \frac{f(z)}{z^{n+1}} dz \right| < \frac{1}{2\pi} \frac{M}{r^n} \qquad \square$$

Appendix E

行列形による変数係数連立線形微分方程式系の扱い

　ここでは1階線形連立方程式の正則点(係数が正則な点)における級数解を，行列の指数関数の類似を用いて構成する．これは(15.1)の正則点における級数解の収束を，行列形に書き直すことで得られる．

$$\mathbf{y}'(t) = A(t)\mathbf{y}(t) \quad (A(t) \text{ は 2 次行列値関数}) \tag{E.1}$$

というベクトル値関数 $\mathbf{y}(t)$ の 1 階線形方程式を考察する．

$$\mathbf{y}(t) = \begin{bmatrix} x \\ x' \end{bmatrix}, \quad A(t) = \begin{bmatrix} 0 & 1 \\ -Q(t) & -P(t) \end{bmatrix}$$

とすれば，(15.1) は (E.1) と同値である．$A(t) \equiv A$ (定数) ならば，$\mathbf{y}(t) = e^{tA}\mathbf{y}(0)$ と解けた．指数関数 e^{tA} のようにして，形式的に次を定義する．

定義 E.1　$\mathcal{E}^A(t) = E + \int_0^t A(t_1)\,dt_1 + \int_{t_2=0}^{t} A(t_2)\int_{t_1=0}^{t_2} A(t_1)\,dt_1 dt_2$

$$+ \int_{t_3=0}^{t}\int_{t_2=0}^{t_3}\int_{t_1=0}^{t_2} A(t_3)A(t_2)A(t_1)\,dt_1 dt_2 dt_3 + \cdots$$

$$= E + \sum_{n=1}^{\infty} \int_{t_n=0}^{t} \cdots \int_{t_2=0}^{t_3}\int_{t_1=0}^{t_2} A(t_n)\cdots A(t_1)\,dt_1\cdots dt_n$$

$\mathcal{E}^A$ において，$A(t) \equiv A$(定数行列) ならば

$$\int_0^t A\,dt_1 = tA, \quad \int_{t_2=0}^{t}\int_{t_1=0}^{t_2} A^2\,dt_1 dt_2 = \frac{t^2}{2}A^2, \cdots$$

$$\int_{t_n=0}^{t}\cdots\int_{t_2=0}^{t_3}\int_{t_1=0}^{t_2} A^n\,dt_1\cdots dt_n = \frac{t^n}{n!}A^n \tag{E.2}$$

$$\therefore \quad \mathcal{E}^A(t) = E + \sum_{n=1}^{\infty} \frac{t^n}{n!}A^n = e^{tA}$$

である．よって，$\mathcal{E}^A(t)$ は e^{tA} の一般化と見ることができる．

定理 E.1 (1) $\mathcal{E}^A(t)$ は正の収束半径を持ち,次を満たす.

$$\frac{d\mathcal{E}^A}{dt}(t) = A(t)\mathcal{E}^A(t) \tag{E.3}$$

(2) $\mathbf{y}(t) = \mathcal{E}^A(t)\mathbf{y}(0)$ は,(15.1) の収束するべき級数解となる.

証明 まず形式的に,微分と無限和の交換を仮定すれば

$$\frac{d\mathcal{E}^A}{dt}(t) = A(t) + A(t)\int_0^t A(t_1)\,dt_1 + A(t)\int_{t_2=0}^t \int_{t_1=0}^{t_2} A(t_2)A(t_1)\,dt_1 dt_2 + \cdots$$
$$= A(t)\mathcal{E}^A(t) \tag{E.4}$$

である.

$A(t) = \sum_{m=0}^{\infty} A_m t^m$ とすれば,$\int_0^t A(s)\,ds = \sum_{m=0}^{\infty} A_m \frac{t^{m+1}}{m+1}$ であり

$$\int_{t_n=0}^t \cdots \int_{t_1=0}^{t_2} A(t_n)\cdots A(t_1)\,dt_1\cdots dt_n$$
$$= \sum_{m_n=0}^{\infty} \cdots \sum_{m_1=0}^{\infty} A_{m_n}\cdots A_{m_1} \frac{t^{m_n+\cdots+m_1+n}}{(\sum_{k=1}^n m_k + n)\cdots(m_2+m_1+2)(m_1+1)}$$

であるから,$\mathcal{E}^A(t)$ はべき級数である.

$$\mathcal{E}^A(t) = E + \sum_{N=1}^{\infty} \mathcal{E}_N^A t^N$$

ただし,$N \geq 1$ のとき,

$$\mathcal{E}_N^A = \sum_{n=1}^{\infty} \sum_{\substack{m_1,m_2,\ldots,m_n \geq 0 \\ m_1+m_2+\cdots+m_n = N-n}} \frac{A_{m_n}\cdots A_{m_1}}{(\sum_{k=1}^n m_k + n)\cdots(m_2+m_1+2)(m_1+1)}$$

である.$\mathcal{E}_N^A$ は,$\mathcal{E}^A(t)$ が (E.3) を満たすための t^N の係数を与えている.これは同時に,(E.1) の級数解 $\mathbf{y}(t) = \sum_{N=0}^{\infty} \mathbf{y}_N t^N$ が,$\mathbf{y}_N = \mathcal{E}_N^A \mathbf{y}(0)$ で与えられることを意味する.よって (1) の $\mathcal{E}^A(t)$ の収束を示せば,(2) の級数解の収束も同時に分かる.ここで行列の知識を使う (長谷川[15], 16.4 節参照).

補題 E.1 行列 $M = \begin{bmatrix} M_{11} & M_{12} \\ M_{21} & M_{22} \end{bmatrix}$ の大きさを測るため

$$\|M\| = \max_{\|\mathbf{x}\|=1} \|M\mathbf{x}\| \quad (\text{球面 } \|\mathbf{x}\|=1 \text{ 上の最大値}) \tag{E.5}$$

とおけば以下が成り立つ．L, M が2次行列，k が実数のとき

$$|M_{i,j}| \leq \|M\| \quad (i,j=1,2) \tag{E.6}$$
$$\|kM\| = |k|\|M\|, \quad \|E\| = 1 \tag{E.7}$$
$$\|L+M\| \leq \|L\| + \|M\| \tag{E.8}$$
$$\|LM\| \leq \|L\|\,\|M\| \tag{E.9}$$

すると，$0 \leq t \leq \rho$ で $\|A(t)\| \leq a$ とすれば，

$$\int_{t_n=0}^{t} \cdots \int_{t_1=0}^{t_2} \|A(t_n)\cdots A(t_1)\|\, dt_1 \cdots dt_n$$
$$\leq \int_{t_n=0}^{t} \cdots \int_{t_1=0}^{t_2} \|A(t_n)\| \cdots \|A(t_1)\|\, dt_1 \cdots dt_n$$
$$\leq \int_{t_n=0}^{t} \cdots \int_{t_1=0}^{t_2} dt_1 \cdots dt_n\, a^n = \frac{t^n}{n!}a^n$$

$$\therefore \quad \|E + \sum_{n=1}^{N} \mathcal{E}_n^A t^n\| \leq \|E + \sum_{n=1}^{N} \int_{t_n=0}^{\rho} \cdots \int_{t_1=0}^{t_2} A(t_n) \cdots A(t_1)\, dt_1 \cdots dt_n\|$$
$$\leq 1 + \sum_{n=1}^{N} \frac{\rho^n}{n!} a^n \leq e^{a\rho}$$

よって $N \to \infty$ において，$\mathcal{E}^A(t)\ (0 \leq t \leq \rho)$ は絶対収束する．ここで $0 \leq t$ としたが，$\mathcal{E}^A(t) = E + \sum_{n=1}^{\infty} \mathcal{E}_n^A t^n$ はべき級数であるから，実際には $|t| \leq \rho$ で絶対収束する．これで (1) が示された．

広義一様な絶対収束であることより項別微分可能で，(2) の級数解も収束する解として意味を持つことが分かる． □

文　献

この本を書くにあたって，以下の本および論文を参考にした．
まず微分方程式全般にわたっては，

1) M. ブラウン著，微分方程式：その数学と応用 上・下，一樂重雄・河原正治・河原雅子・一樂祥子訳，丸善出版 (2012)
2) 佐藤總夫著，自然の数理と社会の数理 1：微分方程式で解析する，日本評論社 (1984)
3) 高橋陽一郎著，力学と微分方程式，岩波書店 (2004)
4) 長町重昭・香田温人著，理工系 微分方程式の基礎，学術図書出版社 (2009)
5) 俣野博著，常微分方程式入門：基礎から応用へ，岩波書店 (2003)
6) 深谷賢治著，解析力学と微分形式，岩波書店 (2004)

各章ごとの参考文献は以下の通り．
第 1 章の現象のモデル化については，ブラウン[1]と佐藤[2]を参考にした．また，スプロットのモデルについては

7) J. C. Sprott 著, "Dynamics Models of Love", Nonlinear Dynamics, Psychology, and Life Science 5, 8(3) (2004), 303-313

第 4 章のベルヌーイ方程式やリッカーティ方程式については

8) Daniel Bernoulli 著, *Exercitationes Quaedam Mathematicae* (1761)

がある．これはラテン語で書かれているが，数学を理解するだけなら，読破するのもそれほど難しくはない．

第 11 章の力学系としての微分方程式においては，ブラウン[1]，高橋[3]と俣野[5]を参考にした．カーマック–マッケンドリックモデルについては，

9) W. O. Kermack, A. G. Mckendrick 著, "Contributions to the Mathematical Theory of Epidemics", Proc. Roy. Soc. A, 105 (1927), 700-721

を参照すること．

また，第 16 章と第 17 章で扱った特殊関数とその方程式については，

10) 島倉紀夫著，常微分方程式，裳華房 (1988)
11) 原岡喜重著，超幾何関数，朝倉書店 (2002)
12) 小野寺嘉孝著，物理のための応用数学，裳華房 (1988)

が，有益である．複素関数論はこれらの基礎として必須であるが，たとえば

13) 高橋礼司著，新版 複素解析，東京大学出版会 (1990)

を挙げておく．これには，楕円関数論の簡潔な記述もある．

本文中ではルジャンドル関数とベッセル関数のグラフを示した．これらは数式処理ソフトウェア "Maple" を用いた．類似のものは，Wolfram Alpha や Scilab などネット上でも利用可能なので，検索されたい．

本書は，大学 1 年次で学ぶ微分積分と線形代数の知識を前提としている．これに関しては，

14) 松田修著・飯高茂監修，微分積分：基礎理論と展開，東京図書 (2006)
15) 長谷川浩司著，線型代数：Linear Algebra，日本評論社 (改訂版 2015)

などが参考になるであろう．

また，より本格的に常微分方程式論を学びたい人のために

16) 伊藤秀一著，常微分方程式と解析力学，共立出版 (1998)
17) 坂井秀隆著，大学数学の入門 10 常微分方程式，東京大学出版会 (2015)
18) E. L. Ince 著, Ordinary Differential Equations, Dover Publications (原著 1926, Dover 版 1956)
19) E. Hille 著, Ordinary Differential Equations in the Complex Domain, Dover Publications (初版 1976, Dover 版 1997)

の 4 冊を挙げておく．

さて，常微分方程式を一通り学び終えた読者は続いて何を勉強すればいいのだろうか？ 我々の考える 1 つの方向を示しておく．もちろん，以下で取り上げる分野以外にも常微分方程式に関係した分野は多い．

偏微分方程式論　本書では，1 変数関数やその導関数の関係式で書かれる常微分方程式について学んだ．多変数関数の偏導関数を含む関係式で書かれたものに偏微分方程式 (partial differential equation, PDE) がある．偏微分方程式も物理学に起源を持ち，その種類も膨大である．良著も多い．入門書として手に入りやすいものとして

20) 金子晃著，偏微分方程式入門，東京大学出版会 (1998)
21) 神保秀一著，偏微分方程式入門，共立出版 (2006)
22) 小出眞路著，工学系のための偏微分方程式：例題で学ぶ 基礎から数値解析まで，森北出版 (2006)

を挙げておく．金子[20]，神保[21]，小出[22] とも，前半は同じ方程式を扱っている．しかし，内容は三者三様であり，これらを読み比べてみるのも面白い．

また特異的だが，無限個の厳密解や保存量など緻密な構造を持ち，驚きをもって迎えられたソリトン方程式系への入門としては次を挙げる．

23) 三輪哲二，神保道夫，伊達悦朗著，ソリトンの数理，岩波書店 (1993, 2007 再版)

現代的偏微分方程式論を学ぼうとすれば，測度論や関数解析学の知識は不可欠である．これについては，

24) 新井仁之著，ルベーグ積分講義：ルベーグ積分と面積 0 の不思議な図形たち，日本評論社 (2003)
25) 増田久弥著，関数解析，裳華房 (1994)

などが良い入門書であろう．

確率微分方程式論　第 1 章 例 1.2.1 の放射崩壊では，「放射性元素 X が原子 1 個あたり非放射性元素に変化する『確率』は単位時間あたり λ である」と書いたが，現象をより詳細に見るために，確率論的なアプローチの必要性は想像できるであろう．偶発性を考慮した数学モデルの 1 つに確率微分方程式がある．確率微分方程式 (stochastic differential equation) の入門書として，

26) 石村直之著，確率微分方程式入門：数理ファイナンスへの応用，共立出版 (2014)
27) B. エクセンダール著，確率微分方程式，谷口説夫訳，丸善出版 (2012) を勧める．

曲線論，微分幾何学　平面や空間内の曲線を研究しようとするとき，微分方程式は欠かせない．たとえば地球上を球面として，その 2 点を結んだときの球面上の距離を最小にする曲線は大円の一部となるが，これもある常微分方程式の解として得られる．この方程式は一般の曲面で考えることができ，その解は測地線 (geodesics) と呼ばれる．たとえば，東京からロサンゼルスへの飛行経路を見るとアラスカを通る場合が多いのであるが，この空路が 2 つの都市を結ぶ地球上の最短距離を与える曲線になっているからである．

曲線論を含む微分幾何学の入門書として以下を挙げる．

28) 小林昭七著，曲線と曲面の微分幾何 (改訂版)，裳華房 (1995)
29) 西川青季著，幾何学，朝倉書店 (2002)
30) 細野忍著，微積分の発展，朝倉書店 (2008)
31) 井ノ口順一著，曲面と可積分系，朝倉書店 (2015)

特殊関数，および複素領域における常微分方程式　本書の最後の話題として取り上げた特殊関数は，新しい関数を開拓することで記述できる対象を増やす一方，それ自身深い世界を持つものである．

32) 青本和彦著，直交多項式入門，数学書房 (2013)
33) 新田英雄著，物理と特殊関数，共立出版 (1997)

を挙げる．多くの特殊関数は，特異点を持つ線型微分方程式の解として扱うことで詳しい性質を知ることができる．島倉[10]，原岡[11]，坂井[17] およびその文献も参考とされたい．

また，非線形方程式であるが独自の深い世界を持つ，楕円関数およびパンルヴェ方程式への入門として，それぞれ以下を挙げる．

34) 竹内端三著，楕円関数論，岩波書店 (初版 1936)
35) 戸田盛和著，楕円関数入門，日本評論社 (1976)
36) 野海正俊著，パンルヴェ方程式：対称性からの入門，朝倉書店 (2000)

物理数学　微分方程式は物理や工学と密接な関係にある．とくに物理学では，古典力学〜解析力学〜量子力学〜場の理論という歴史においてつねに微分方程式を用いつつ発展してきた．ここでは以下を挙げるに留める．フーリエ変換，ラプラス変換については堀口[37] を参照せよ．

37) 堀口剛，海老澤丕道，福井芳彦著，応用数学講義，培風館 (2000)

索　引

ア　行

一意　15
1次従属　45
1次独立　45
1次微分形式　31
一般解　12

n 階微分方程式　9

カ　行

解曲線　31, 78, 88
　——の族　88
解空間　46
階数　9
カオス　97
確定特異点　115
確率微分方程式　163
過減衰　50
カーマック–マッケンドリックモデル　105
完全形式　31
完全微分方程式　30

基本解　46
基本解系　46
級数解　106
求積法　11
境界値問題　14
共振　4

形式的べき級数　106
決定多項式　116
減衰振動　50

合流　142
コーシーの存在および一意性定理　144
コーシー–リーマンの関係式　155
固有関数　126
固有値　69, 126
固有ベクトル　69
固有方程式　69

サ　行

周期　50
収束　106
収束半径　107
シュミットの直交化　131
消費　4
常微分方程式　1
初期条件　13
初期値問題　13
自励系　87

正則点　113
積分因子　38
接続問題　130
絶対収束　106
線形化　99
線形化方程式　99
線形微分方程式　10

双曲線関数　33
測地線　164

タ　行

第1積分　91
第2種ベッセル関数　138

ダッフィング　97
ダランベールの公式　107
単振動　50

超幾何関数　121
超幾何微分方程式　121
直交性　125

定義域　15
定係数線形微分方程式　44
定係数微分方程式　10
定積分　16
ディリクレ問題　14
デカルトの葉線　36
デルタ関数　129

投資　4
同次　10
同次形　18
特殊解　12
特性指数　116
特性方程式　46

ナ　行

2 項展開　111

ノイマン関数　138
ノイマン問題　14

ハ　行

発散　106
波動方程式　139

非線形微分方程式　10
非同次　10

ファン・デル・ポール方程式　1, 97
不定積分　16

フーリエ展開　136
フロベニウスの方法　119

平衡点　88
べき級数　106
ベクトル場　78
ベッセルの微分方程式　118
ペロンの存在定理　143
変係数線形微分方程式　44
変係数の微分方程式　10
変数分離形　16
偏微分方程式　163

放射性崩壊　2
母関数　126
保存量　91
ポホハンマー記号　111

ヤ　行

ヤコビの sn 関数　112

優級数　115

ラ　行

リプシッツ条件　143
リプシッツ定数　143
リプシッツ連続関数　143
臨界減衰　50

ルジャンドル関数　122
ルジャンドル多項式　123
ルジャンドルの微分方程式　122

連立微分方程式　10

ロジスティック方程式　17
ロトカ–ボルテラ方程式　93
ロンスキー行列式　54

著者略歴

堀畑和弘(ほりはたかずひろ)

1958 年　栃木県に生まれる
1994 年　慶應義塾大学理工学研究科後期博士課程中退
現　在　東北大学大学院理学研究科助教
　　　　博士(理学)

長谷川浩司(はせがわこうじ)

1963 年　静岡県に生まれる
1987 年　名古屋大学大学院理学研究科修士課程修了
現　在　東北大学大学院理学研究科准教授
　　　　博士(理学)

常微分方程式の新しい教科書

定価はカバーに表示

2016 年 6 月 20 日　初版第 1 刷
2023 年 1 月 20 日　　　第 5 刷

著　者　堀　畑　和　弘
　　　　長　谷　川　浩　司
発行者　朝　倉　誠　造
発行所　株式会社 朝 倉 書 店
　　　　東京都新宿区新小川町 6-29
　　　　郵便番号　162-8707
　　　　電　話　03(3260)0141
　　　　F A X　03(3260)0180
　　　　https://www.asakura.co.jp

〈検印省略〉

© 2016 〈無断複写・転載を禁ず〉

Printed in Korea

ISBN 978-4-254-11146-0　C 3041

JCOPY ＜出版者著作権管理機構 委託出版物＞

本書の無断複写は著作権法上での例外を除き禁じられています．複写される場合は，そのつど事前に，出版者著作権管理機構(電話 03-5244-5088, FAX 03-5244-5089, e-mail: info@jcopy.or.jp)の許諾を得てください．

東工大 渡辺　治・創価大 北野晃朗・東邦大 木村泰紀・東工大 谷口雅治著 現代基礎数学1 **数学の言葉と論理** 11751-6 C3341　　A 5 判 228頁 本体3300円	数学は科学技術の共通言語といわれる。では，それを学ぶには？英語などと違い，語彙や文法は簡単であるがちょっとしたコツや注意が必要で，そこにつまづく人も多い。本書は，そのコツを学ぶための書，数学の言葉の使い方の入門書である。
阪大 和田昌昭著 現代基礎数学3 **線形代数の基礎** 11753-0 C3341　　A 5 判 176頁 本体2800円	線形代数の基礎的内容を，計算と理論の両面からやさしく解説した教科書。独習用としても配慮。〔内容〕連立1次方程式と掃き出し法／行列／行列式／ユークリッド空間／ベクトル空間と線形写像の一般論／線形写像の行列表示と標準化／付録
首都大 小林正典著 現代基礎数学4 **線形代数と正多面体** 11754-7 C3341　　A 5 判 224頁 本体3300円	古代から現代まで奥深いテーマであり続ける正多面体を，幾何・代数の両面から深く学べる。群論の教科書としても役立つ。〔内容〕アフィン空間／凸多面体／ユークリッド空間／球面幾何／群／群の作用／準同型／群の構造／正多面体／他
東北大 浦川　肇著 現代基礎数学7 **微積分の基礎** 11757-8 C3341　　A 5 判 228頁 本体3300円	1変数の微積分，多変数の微積分の基礎を平易に解説。計算力を養い，かつ実際に使えるよう配慮された理工系の大学・短大・専門学校の学生向け教科書。〔内容〕実数と連続関数／1変数関数の微分／1変数関数の積分／偏微分／重積分／級数
東大 細野　忍著 現代基礎数学8 **微積分の発展** 11758-5 C3341　　A 5 判 180頁 本体2800円	ベクトル解析入門とその応用を目標にして，多変数関数の微分積分を学ぶ。扱う事柄を精選し，焦点を絞って詳しく解説する。〔内容〕多変数関数の微分／多変数関数の積分／逆関数定理・陰関数定理／ベクトル解析入門／ベクトル解析の応用
前広大栄 雅和著 現代基礎数学9 **複素関数論** 11759-2 C3341　　A 5 判 244頁 本体3600円	数学系から応用系まで多様な複素関数論の学習者の理解を助ける教科書。基本的内容に加えて早い段階から流体力学の章を設ける独自の構成で厳密さと明快さの両立を図り，初歩からやや進んだ内容までを十分カバーしつつ応用面も垣間見せる。
前早大 北田韶彦著 現代基礎数学12 **位相空間とその応用** 11762-2 C3341　　A 5 判 176頁 本体2800円	物理学や各種工学を専攻する人のための現代位相空間論の入門書。連続体理論をフラクタル構造など離散力学系との関係での新しい結果を用いながら詳しく解説。〔内容〕usc写像／分解空間／弱い自己相似集合（デンドライトの系列）／他
統数研 藤澤洋徳著 現代基礎数学13 **確率と統計** 11763-9 C3341　　A 5 判 224頁 本体3300円	具体例を動機として確率と統計を少しずつ創っていくという感覚で記述。〔内容〕確率と確率空間／確率変数と確率分布／確率変数の変数変換／大数の法則と中心極限定理／標本と統計的推測／点推定／区間推定／検定／線形回帰モデル／他
東工大 小島定吉著 現代基礎数学14 **離散構造** 11764-6 C3341　　A 5 判 180頁 本体2800円	離散構造は必ずしも連続的でない対象を取り扱い数学の幅広い分野と関連している。いまだ体系化されていないこの分野の学部生向け教科書として数え上げ，グラフ，初等整数論の三つの話題を取り上げ，離散構造の数学的な扱いを興味深く解説。
東工大 鹿島　亮著 現代基礎数学15 **数理論理学** 11765-3 C3341　　A 5 判 224頁 本体3300円	論理，とくに数学における論理を研究対象とする数学の分野である数理論理学の入門書。ゲーデルの完全性定理・不完全性定理をはじめとした数理論理学の基本結果をわかりやすくかつ正確に説明しながら，その意義や気持ちを伝える。

筑波大 井ノ口順一著
現代基礎数学18
曲面と可積分系
11768-4 C3341　　A 5 判 224頁 本体3300円

しゃぼん玉を数学的に表現した「平均曲率一定曲面」を中心に、曲面の幾何学の基礎を学ぶ、解ける(積分できる)偏微分方程式の研究である無限可積分系と微分幾何学が交差する「曲面の可積分幾何」のための、初めての入門書。

早大 柴田良弘・筑波大 久保隆徹著
現代基礎数学21
非線形偏微分方程式
11771-4 C3341　　A 5 判 224頁 本体3300円

近年著しい発展を遂げている、調和解析的方法を用いた非線形偏微分方程式への入門書。本書では、応用分野のみならず数学自体にも多くの豊かな成果をもたらすNavier-Stokes方程式の理論を、筆者のオリジナルな結果も交えて解説する。

学習院大 谷島賢二著
講座数学の考え方13
新版 ルベーグ積分と関数解析
11606-9 C3341　　A 5 判 312頁 本体5400円

測度と積分にはじまり関数解析の基礎を丁寧に解説した旧版をもとに、命題の証明など多くを補足して初学者にも学びやすいよう配慮。さらに量子物理学への応用に欠かせない自己共役作用素、スペクトル分解定理等についての説明を追加した。

学習院大 谷島賢二著
朝倉数学大系 5
シュレーディンガー方程式 I
11825-4 C3341　　A 5 判 344頁 本体6300円

自然界の量子力学的現象を記述する基本方程式の数理物理的基礎から応用まで解説〔内容〕関数解析の復習と量子力学のABC／自由Schrödinger方程式／調和振動子／自己共役問題／固有値と固有関数／付録：補間空間、Lorentz空間

学習院大 谷島賢二著
朝倉数学大系 6
シュレーディンガー方程式 II
11826-1 C3341　　A 5 判 288頁 本体5300円

自然界の量子力学的現象を記述する基本方程式の数理物理的基礎から応用までを解説〔内容〕解の存在と一意性／Schrödinger方程式の基本解／散乱問題・散乱の完全性／散乱の定常理論／付録：擬微分作用素／浅田・藤原の振動積分作用素

前愛媛大 山本哲朗著
朝倉数学大系 7
境界値問題と行列解析
11827-8 C3341　　A 5 判 272頁 本体4800円

境界値問題の理論的・数値解析的基礎を紹介する入門書。〔内容〕境界値問題ことはじめ／2点境界値問題／有限差分近似／有限要素近似／Green行列／離散化原理／固有値問題／最大値原理／2次元境界値問題の基礎および離散近似

阪大 鈴木 貴・金沢大 大塚浩史著
朝倉数学大系 8
楕円型方程式と近平衡力学系(上)
——循環するハミルトニアン——
11828-5 C3341　　A 5 判 312頁 本体5500円

物理現象をはじめ様々な現象を記述する楕円型方程式とその支配下にある近平衡力学系モデルの数理構造・数学解析を扱う。上巻ではボルツマン・ポアソン方程式の解析を中心に論じる。〔内容〕爆発解析／解集合の構造／平均場理論／他

阪大 鈴木 貴・金沢大 大塚浩史著
朝倉数学大系 9
楕円型方程式と近平衡力学系(下)
——自己組織化のポテンシャル——
11829-2 C3341　　A 5 判 324頁 本体5500円

下巻では主に半線形放物型方程式(系)の検討を通し、定められた環境下での状態(方程式解)の時間変化を考える。〔内容〕近平衡力学系／量子化する爆発機構／空間均質化／場と粒子の双対性／質量保存反応拡散系／熱弾性／他

阪大 西谷達雄著
朝倉数学大系10
線形双曲型偏微分方程式
——初期値問題の適切性——
11830-8 C3341　　A 5 判 296頁 本体5500円

t方向に双曲型である微分作用素の初期値問題をめぐる考究。〔内容〕初期値問題の適切性／双曲型多項式／特異性の伝播と陪特性帯／狭義双曲型作用素／Hamilton 写像と初期値問題／実効的双曲型特性点をもつ微分作用素の初期値問題／他

前京大 吉田敬之著
朝倉数学大系11
保型形式論
——現代整数論講義——
11831-5 C3341　　A 5 判 392頁 本体6800円

全体の見通しを重視しつつ表現論的な保型形式論の基礎を論じ、礎となる書〔内容〕ゼータ函数／Hecke環／楕円函数とモジュラー形式／アデール／p進群の表現論／$GL(n)$上の保型形式／L群と函手性／モジュラー形式とコホモロジー群／他

明大 砂田利一・早大 石井仁司・日大 平田典子・
東大 二木昭人・日大 森　真監訳

プリンストン数学大全

11143-9　C3041　　　　B 5 判 1192頁　本体18000円

「数学とは何か」「数学の起源とは」から現代数学の全体像，数学と他分野との連関までをカバーする，初学者でもアクセスしやすい総合事典。プリンストン大学出版局刊行の大著「The Princeton Companion to Mathematics」の全訳。ティモシー・ガワーズ，テレンス・タオ，マイケル・アティヤほか多数のフィールズ賞受賞者を含む一流の数学者・数学史家がやさしく読みやすいスタイルで数学の諸相を紹介する。「ピタゴラス」「ゲーデル」など96人の数学者の評伝付き。

東大 川又雄二郎・東大 坪井　俊・前東大 楠岡成雄・
東大 新井仁之編

朝倉数学辞典

11125-5　C3541　　　　B 5 判 776頁　本体18000円

大学学部学生から大学院生を対象に，調べたい項目を読めば理解できるよう配慮したわかりやすい中項目の数学辞典。高校程度の事柄から専門分野の内容までの数学諸分野から327項目を厳選して五十音順に配列し，各項目は2～3ページ程度の，読み切れる量でページ単位にまとめ，可能な限り平易に解説する。〔内容〕集合，位相，論理／代数／整数論／代数幾何／微分幾何／位相幾何／解析／特殊関数／複素解析／関数解析／微分方程式／確率論／応用数理／他

日本応用数理学会監修
前東大 薩摩順吉・早大 大石進一・青学大 杉原正顕編

応用数理ハンドブック

11141-5　C3041　　　　B 5 判 704頁　本体24000円

数値解析，行列・固有値問題の解法，計算の品質，微分方程式の数値解法，数式処理，最適化，ウェーブレット，カオス，複雑ネットワーク，神経回路と数理脳科学，可積分系，折紙工学，数理医学，数理政治学，数理設計，情報セキュリティ，数理ファイナンス，離散システム，弾性体力学の数理，破壊力学の数理，機械学習，流体力学，自動車産業と応用数理，計算幾何学，数論アルゴリズム，数理生物学，逆問題，などの30分野から260の重要な用語について2～4頁で解説したもの。

お茶女大 河村哲也監訳　前お茶女大 井元　薫訳

高等数学公式便覧

11138-5　C3342　　　　菊判 248頁　本体4800円

各公式が，独立にページ毎の囲み枠によって視覚的にわかりやすく示され，略図も多用しながら明快に表現され，必要に応じて公式の使用法を例を用いながら解説。表・裏扉に重要な公式を掲載，豊富な索引付き。〔内容〕数と式の計算／幾何学／初等関数／ベクトルの計算／行列，行列式，固有値／数列，級数／微分法／積分法／微分幾何学／各変数の関数／応用／ベクトル解析と積分定理／微分方程式／複素数と複素関数／数値解析／確率，統計／金利計算／二進法と十六進法／公式集

前東北大 堀田良之著
朝倉数学大系12

線型代数群の基礎

11832-2　C3341　　　　A 5 判 324頁　本体5800円

代数的閉体上の線型代数群の基礎理論。導入的な代数幾何の知識をまとめた付録も充実。〔内容〕基礎／Jordan分解／代数群のLie環／商／Borel理論／ルートとWeyl群／簡約群／不変写像／付録：スキームと代数多様体／抽象的ルート系／他

前東工大 高橋正子著
現代基礎数学 2

コンピュータと数学

11752-3　C3341　　　　A 5 判 168頁　本体2800円

プログラミング初心者でも独学できる，コンピュータの原理を数学的に理解するための教科書。〔内容〕簡単なプログラムによる計算の表現／初等関数とNプログラム／原始帰納的関数と帰納的関数／万能関数と再帰定理／他

上記価格（税別）は 2022年 1月現在